本书由
国家自然科学基金资助项目（617620
甘肃省教育厅高等学校科研经费资助项目（2017A-027）
资助出版

聚类算法
及其在大气污染中的应用

陈　梅　著

图书在版编目（CIP）数据

聚类算法及其在大气污染中的应用 / 陈梅著. -- 兰州 : 兰州大学出版社, 2018.2
ISBN 978-7-311-05329-1

Ⅰ. ①聚… Ⅱ. ①陈… Ⅲ. ①聚类分析法－应用－空气污染控制－研究 Ⅳ. ①X510.6

中国版本图书馆CIP数据核字(2018)第032112号

策划编辑　梁建萍
责任编辑　郝可伟
封面设计　郇　海

书　　名　聚类算法及其在大气污染中的应用
作　　者　陈　梅　著
出版发行　兰州大学出版社　(地址:兰州市天水南路222号　730000)
电　　话　0931-8912613(总编办公室)　0931-8617156(营销中心)
　　　　　0931-8914298(读者服务部)
网　　址　http://press.lzu.edu.cn
电子信箱　press@lzu.edu.cn
印　　刷　北京虎彩文化传播有限公司
开　　本　787 mm×1092 mm　1/16
印　　张　10(插页4)
字　　数　200千
版　　次　2018年3月第1版
印　　次　2018年3月第1次印刷
书　　号　ISBN 978-7-311-05329-1
定　　价　28.00元

作者简介

陈梅，兰州交通大学电子与信息工程学院，博士，副教授。主要从事复杂数据分析及聚类研究，已发表SCI/EI检索文献10余篇，其中以第一作者在世界顶级期刊发表论文2篇。目前主持国家自然科学基金1项、甘肃省教育厅高等学校科研项目1项。主持完成甘肃省自然科学基金1项、甘肃省财政厅基本科研业务费1项。参与完成甘肃省省级、地厅级项目多项。

目　录

1 绪 论

1.1 引 言

随着信息技术的飞速发展，可获得的数据越来越丰富，数据的类型也越来越复杂。衣食住行、各行各业都无不与数据分析紧密相关，一方面，互联网企业需要大量的数据支撑服务体系；另一方面，传统行业需要对过往数据进行分析来提升业绩。对数据的有效分析、利用已成为推动社会发展的重要因素之一。然而，很多时候，海量的、复杂的数据让人眼花缭乱，无从下手，给人们的认知造成了很大的困扰，很多企业甚至不能对收集到的庞大的数据信息进行很好的处理和分析。“得数据者得天下”，但是直接把海量数据推给用户是毫无意义的。这就需要通过对海量数据进行挖掘、处理、分析，得出结果，找出隐藏在数据中的可用信息，从而为用户提供有价值的数据。

这时候，聚类技术作为根据对象的特征将对象集合分成由类似的对象组成的多个类的分析过程，就提供了一个优雅的选择。聚类分析是一类重要的人类行为，早在孩提时代，一个人就能通过不断改进下意识中的聚类模式来学习如何区分动物、植物。根据事物的特征对其进行聚类或分类，可以从大量数据中提取隐含的、未知的、有潜在应用价值的信息或模式。“物以类聚，人以群分”，这是人类几千年来认识世界和社会的基本方法。如何进行聚类分析是从大量数据中发现其价值必须面对的一个普遍性、基础性问题，是认知科学作为“学科的学科”要解决的首要问题。“无论是政治、经济、文学、历史、社会、文化，还是数理、化工、医农、交通、地理、各行各业的大数据或宏观或微观的任何价值发现，无不借助于大数据聚类分析的结果，因此，数据分析和挖掘的首要问题是聚类，这种聚类是跨学科、跨领域、跨媒体的。如何进行大数据聚类是数据密集型科学的基础性、普遍性问题。”[①] 所以，聚类将会成为数据认知的突破口。聚类是挖掘数据价值的重要一步，可以让我们主动迎接信息化时代，直面信息化带来的挑战。

实际生活中，我们可以借助聚类对数据做出深层次的挖掘，做出归纳性的推

① 李德毅.大数据突破点在于聚类（http://www.cbdio.com/BigData/2015-06/05/content_3203508.htm）

理，从中挖掘出潜在的模式，认识海量数据可能带来的深刻影响和巨大价值，改变我们的生活、工作和思维方式。在商务领域，聚类分析能帮助市场分析人员从客户数据库中发现不同的客户群，用购买模式来刻画不同客户群的特征。利用聚类算法从大量数据中挖掘出的有用模式，将会应用于我们的生活，为我们的生活提供便利。比如，在健康方面，我们可以利用智能手环监测的数据，对睡眠数据进行聚类，进而分析睡眠模式，了解我们的睡眠质量；在汽车保险方面，如果采集了汽车的每一次行驶信息、每一次维修信息、每一次刹车信息，通过对这些数据进行聚类分析，保险公司可对一个车况好、驾驶习惯好、常走线路事故率低、不勤开车的特定客户，给予更大的优惠，而对风险太高的客户提高保险报价甚至拒绝其投保；在保障房购买上，可采集保障房申请人群的收入、工作、身体状况以及年龄信息，通过聚类分析帮助发现最需要保障房的人群；在生物学上，聚类能用于分析植物和动物的基因信息，获得对种群中固有结构的认识。

总之，在信息化时代，研究聚类显得尤为重要。聚类作为一门蓬勃发展的技术，将会成为数据认知的突破口，成为很多行业的核心竞争力。本书的研究工作致力于提出兼顾效率和有效性的聚类算法，使聚类在确保精确性的同时，在海量数据背景下也能以较低的时间复杂度高效运行。

1.2 聚类分析概述

数据挖掘是从大量的数据中通过算法发现隐含在其中的有价值的、潜在有用的信息和知识的过程，也是一种决策支持过程，其主要基于人工智能、机器学习、模式识别以及统计学等。数据挖掘最常用的方法有分类、聚类、预测、回归分析、关联规则等。聚类是多元数据分析的主要方法之一，是数据挖掘采用的一项关键技术。

聚类分析起源于分类学，但是聚类与分类又有明显的不同。分类是在已知类别标号的情况下，将其他数据点映射到给定类别的某一类。然而，在很多情况下，数据的类别标号是未知的，却又需要对其进行分组。这时候，就需要借助于聚类。聚类分析能够根据数据相似度自动发现数据的分组、挖掘出数据中潜在的数据模式、特征以及规律。因此，在机器学习领域的研究中，聚类被认为是一种无监督的学习过程。

聚类是根据数据间的相似性把一个数据集划分成多个组或簇的过程，使得同一簇内的数据尽可能相似，而与其他簇内的数据尽可能不相似，也就是说，让同一簇内的数据分布尽可能紧凑，而不同簇间的数据尽可能远离。相似性一般根据对象的属性值进行评估，紧凑性根据数据间的距离来衡量。两个数据间的相似度值越高，它们之间就越相似。而距离则正好相反，两个数据间的距离越远，它们越不相似。因此，距离度量也被称为相异性度量。

为了适应不同特征数据的应用需求，近几十年来，研究者提出了大量的基于不同理论的聚类算法。一般而言，聚类算法可以划分为以下几类[1]：基于划分的方法、基于密度的方法、基于层次的方法、基于网格的方法和基于模式的方法。很多算法中，这些类别可能相互重叠，一种算法可能同时具有几种方法的特征。

作为数据挖掘的一种强有力的分析工具，聚类分析一般具有两种用途：（1）作为一种独立的数据挖掘工具，发现数据的分布特征；（2）作为其他一些数据分析方法的数据预处理步骤，给其他方法提供基于某种模式已进行了分组的数据，进一步让其他方法在相应的数据划分结果上进行专业的分析。目前，聚类分析已经成功应用于许多领域，包括图像处理、模式识别、商业、生物、地理、网络服务、情报检索等。通过对数据进行聚类分析，可以把隐没于一大批看似杂乱无章的数据中的信息集中、萃取和提炼出来，以找出所研究对象的内在规律，从中挖掘出潜在的模式，还可以帮助企业、商家调整市场政策、减少风险、理性面对市场，并做出正确的决策，也可以帮助政府调整未来的管理政策、经济结构，积极应对生态发展等。

截至目前，研究人员已经提出了不同种类、面向各种数据特征的聚类算法。为了对众多算法进行比较分析，从而选择出最合适的聚类分析算法，人们从外部评价和内部评价两个方面提出了一些聚类评价方法。其中外部评价是依据标准的数据划分对聚类算法的结果进行质量评价；内部评价是根据簇内数据自身的分布对算法的聚类结果进行评价。

2 理论基础与相关工作

2.1 定义和术语

本节将对本书中用到的数据集和聚类概念给出正式的定义。

2.1.1 数据集D

聚类是将一个数据集划分成子集的过程。在本书中，数据集D被定义为

$$D=\{x_1,x_2,\cdots,x_i,\cdots,x_n\} \tag{2.1}$$

其中，$x_i(1<i<n)$是数据集中的第i个数据点，n是数据集D内数据点的个数。D也可以用如下的$n\times p$矩阵表示，

$$\begin{bmatrix} x_{11} & \cdots & x_{1f} & \cdots & x_{1p} \\ \vdots & & & & \vdots \\ x_{i1} & \cdots & x_{if} & \cdots & x_{ip} \\ \vdots & & & & \vdots \\ x_{n1} & \cdots & x_{nf} & \cdots & x_{np} \end{bmatrix}$$

其中，p是每个数据点的维数，矩阵的每一行对应一个数据点x_i，而x_{if}表示D的第i个数据点x_i的第f个属性。

2.1.2 聚类的定义

聚类是一种把数据集划分成簇的过程，并使得簇内的点尽可能相似，而簇间点的差异性尽可能大。也就是说，同一类的数据点尽可能被聚集到一起，同时让不同类的数据点尽量分离。挖掘出的每一个簇都可能包含着某种潜在的数据模式、特征以及规律。

本书中，聚类用如下方式进行定义：

聚类算法将数据集D划分成$k(1\leqslant k\leqslant n)$个簇，$C_1,C_2,\cdots,C_k$

（1）$C_i\neq\varnothing,i=1,\cdots,k$

（2）$C_i\subseteq D,i=1,\cdots,k$

（3）$\bigcup_{i=1}^{k}C_i=D$

（4）$C_i\cap C_j=\varnothing,1\leqslant i,j\leqslant k,i\neq j$

其中，每个C_i内的点相互相似，而与C_j内的点不相似。

2.2 相似性计算

数据间的相似度是聚类分析中一个非常重要的概念。无论是在聚类过程中还是在最终的聚类质量评价中，相似度都起着至关重要的作用。最常用的两点间相似性的度量方式是距离度量和相似性度量。其中，距离度量是以数据集D中点x_i与x_j之间的距离$d\left(x_i,x_j\right)$来度量两点间的相似程度，$d\left(x_i,x_j\right)$越大，x_i与x_j越不相似，而$d\left(x_i,x_j\right)$越小，x_i与x_j就越相似。相似性度量直接以两点间的相似程度$sim(x_i,x_j)$作为度量的基础，$sim(x_i,x_j)$越大，x_i与x_j越相似，反之亦然。本节将介绍几个常用的距离函数和相似性函数。

2.2.1 常用的距离函数

1.欧氏距离。欧氏距离是最常用的相似度距离，很多聚类算法预设的距离都是欧氏距离。它常用来表示两点间的最短距离，即直线距离：

$$d\left(x_i,x_j\right)=\sqrt{\sum_{f=1}^{p}(x_{if}-x_{jf})^2} \tag{2.2}$$

2.曼哈顿距离。曼哈顿距离也叫城市街区距离。它表示两点的所有属性间的距离的总和。通俗地讲，它表示的是城市两点之间的街区距离：

$$d\left(x_i,x_j\right)=\sum_{f=1}^{p}|x_{if}-x_{jf}| \tag{2.3}$$

3.闵科夫斯基距离。闵科夫斯基距离是欧氏距离和曼哈顿距离的推广：

$$d\left(x_i,x_j\right)=\sqrt[h]{\sum_{f=1}^{p}|x_{if}-x_{jf}|^h} \tag{2.4}$$

其中，$h\geqslant 1$。

可以看出，当$h=1$时，它是曼哈顿距离；当$h=2$时，它是欧氏距离。

4.切比雪夫距离。切比雪夫距离又称为上确界距离，常被记为$L_{\max}$或者L_1。它取两点间所有维数距离的最大值：

$$d\left(x_i,x_j\right)=\max_{f}|x_{if}-x_{jf}| \tag{2.5}$$

2.2.2 常用的相似度函数

1.余弦相似性。余弦相似性度量两个向量$\boldsymbol{x}_i$和$\boldsymbol{x}_j$之间夹角的余弦，

$$sim\left(\boldsymbol{x}_i,\boldsymbol{x}_j\right)=\frac{\boldsymbol{x}_i\cdot\boldsymbol{x}_j}{||\boldsymbol{x}_i||\cdot||\boldsymbol{x}_j||} \tag{2.6}$$

其中$\|\boldsymbol{x}_i\|$是向量$\boldsymbol{x}_i$的长度，定义为$\sqrt{x_{i1}^2+x_{i2}^2+\cdots+x_{ip}^2}$。

2.皮尔逊相关系数。皮尔逊相关系数度量首先将两个数据点x_i和x_j做Z-score处理，然后将两组数据的乘积除以数据的维数：

$$sim\left(x_i,x_j\right)=\frac{Z(x_i)\cdot Z(x_j)}{p} \tag{2.7}$$

3.Jaccard 相关系数。两个数据点x_i和x_j的Jaccard相关系数定义如下：

$$sim\left(x_i,x_j\right)=\frac{x_i\cdot x_j}{\|x_i\|^2+\|x_j\|^2+\|x_i\|\cdot\|x_j\|} \tag{2.8}$$

可以看出，除了切比雪夫距离，以上所有的距离和相似性函数都与数据的维数紧密相关。

2.3 经典聚类方法

本节将对一些经典的聚类方法给出详细的描述，并给出其中一些具体的算法。由于基于划分的方法和基于密度的方法与本书的研究关系最为密切，所以，本节采用了较多的篇幅介绍与这两种方法相关的研究工作。

2.3.1 基于划分的方法

基于划分的方法（Partition-based Method）是聚类分析中最简单、最基本的方法。给定数据集D和要生成的簇的数目k，划分方法首先根据选定的k个中心点给出一个初始划分，然后反复迭代，把数据点从一个簇移动到另一个簇，使得同一簇中的数据点越来越相似，而不同簇中的数据点越来越不相似，直到满足一定条件时停止迭代。

k-Means算法[2, 3]是一个经典的、最常用的基于划分的聚类算法。它首先随机选择k个数据点作为初始簇中心，再将其他点分配给离它最近的中心点，形成初始簇。接着，计算每个簇内所有点的均值，将此均值当作新的中心点，重新分配其余点到离它最近的中心点。然后，迭代进行这一过程，直到每个簇的中心都不再变化。由于k-Means算法严重依赖于初始簇中心的选择，得到的聚类结果不稳定，并且有可能不是全局最优解。目前，已经有很多方法对k-Means算法的簇中心点的选择方式进行了改进，以期得到更优的簇中心[4-6]。同时，这种只与中心点最相似的简单划分策略还导致了k-Means算法的一个致命弱点，即只对检测球状数据簇有效。而且，由于k-Means算法每次迭代都把簇内所有点的均值当作下次迭代中簇的初始中心，当出现较多的异常点或者有异常点离大多数正常数据非常远时，就造成所得中心点和实际簇中心点位置偏差过大，从而使类簇发生“畸变”。因而，k-Means算法对异常点非常敏感。

为了降低k-Means算法对异常点的敏感性，人们随后提出了k-Medoids算法[7]。k-Medoids算法也叫围绕中心点划分的算法（Partition Around Medoids, PAM）。尽管k-Means算法和k-Medoids算法都需要预先指定类的数目k，初始时都是随机选择数据集D内的k个点作为簇中心，每次迭代也都是把剩余的点分配到距其最近的簇中心所代表的簇，但k-Medoids算法提出了新的簇中心点选取方式。在k-Medoid算法中，每次迭代时的中心点都是从上一步生成的簇内的数据点中选取的。选取的标准是让中心点到簇内所有点的距离之和最小，使簇变得更紧凑。k-Medoids算法这种选取中心点的方式尽管在异常点较多时能提高聚类的准确性，但却导致了高时间复杂度，算法的扩展性受到了影响。所以，它不能用于规模比较大的数据集。

为了处理大数据集，可以使用CLARA（Clustering LARge Applications，大型应用中的聚类方法）算法[8]。CLARA算法在聚类时不像k-Means算法和k-Medoids算法一样考虑整个数据集，而是随机从数据集中抽取多个样本集，用实际数据的抽样来代替整个数据，对每个样本集采用k-Medoids算法进行聚类，并以其中最好的聚类结果作为输出。但是CLARA算法非常依赖于抽样数据集的选取结果，它把候选的簇中心点局限在数据集中的一个随机样本的选择上。如果在每个抽样数据集中有几个最佳的簇中心点与最佳的k-Medoids算法的簇中心点远离，CLARA算法将不能产生有效的聚类结果。CLARANS（Clustering Large Applications based upon RANdomized Search，基于随机搜索的面向大数据集的聚类）算法[9]是一个对CLARA算法改进的算法。CLARANS算法在每一次循环中采用不同的样本，拓展了数据处理量，但同时也导致了算法的低效率。所以，如同CLARA算法一样，CLARANS算法也没得到广泛应用。

随后，研究者又提出了很多基于划分的算法，著名的有k-Modes算法[10]、k-Prototypes算法[11]和Fuzzy C-Means算法[12]等。

2.3.2 基于密度的方法

在基于密度的方法（Density-based Method）中，一个簇是一系列遍布于数据空间中的在一个连续区域内的高密度点构成的集合。基于密度的簇相互之间被连续的低密度点区域隔开。一般情况下，某数据点的密度是指该数据点在数据集中的稀疏程度，也就是说一个点的密度取决于它与周围点的疏离程度。基于密度的方法通常将离得比较近的点聚集到同一个类内，而将密度相对很小的点当作异常点。

DBSCAN（Density-based Spatial Clustering of Application with Noise，一种基于高密度联通区域的基于密度的聚类）算法[13]是最著名的基于密度的算法。对于一个数据集D，给定点o，如果点o的ε邻域内至少包含$MinPts$个点，点o就被称为核心点。对于核心点o和另一个点q，如果q在o的ε邻域内，o与q是直接密度可达的。如果存在一个数据点链o_1，o_2，…，o_n，o_{i+1}是从o_i直接密度可达的，那么就说o_1对o_n是密度可达的。如果两个点o_1和o_n都与q密度可达，则o_1和o_n是相互密度相连的。具体聚类时，对于一个未标记的点，DBSCAN算法首先检查它是否为核心点。如果为核心点，就把它与它ε邻域内的所有点都放置到同一簇。然后再在此邻域的点中，继续寻找核心点，将核心点的ε邻域内的点再加入此类。通过这种把密度可达和密度相连的点不断地扩充到同一簇的方式，DBSCAN算法可以发现任意形状的簇。不过，由于DBSCAN算法把既非密度可达又非密度相连的点标记成了异常点，若一个数据集内包含一个或多个簇，簇内的数据点分布较其他点稀疏，则所有这些稀疏簇内的点就会都被视为异常点。尽管DBSCAN算法在能发现不同形状、不同大小的簇的同时还能检测异常数据点，但是，当数据集内或者同一个簇内点的密度差别较大时，DBSCAN算法就无法有效地对数据进行聚类分析了。而且，即便是对密度均匀的数据集，确定合适的输入参数也比较困难。正是由于这个原因，DBSCAN算法对输入参数很敏感，不同的输入参数会导致衡量数据点密度的标准不一致，进而产生不同的聚类结果。此后，在DBSCAN算法的基础上，又出现了很多与DBSCAN算法相关的一些比较受关注的算法，诸如GDBSCAN算法[14]、HDBSCAN算法[15]和Fast DBC算法[16]等。其中Fast DBC算法是在DBSCAN算法基础上提出的一个降低计算复杂度的聚类算法[16]。

OPTICS（Ordering Points To Identify the Clustering Structure）算法[17]是一个为了克服DBSCAN算法输入参数敏感性问题而提出的一个基于密度的方法，它通过对点排序来识别簇结构。OPTICS算法定义了核心距离和可达距离两个概念。数据点o的核心距离是使点o的ε邻域内至少有$MinPts$个点的最小ε。点o与点q的可达距离是指点o与点q的距离和o的核心距离之间的较大距离。聚类时，OPTICS算法设置了两个队列，即有序队列和结果队列。首先，有序队列中存储按照可达距离升序排列的核心对象与核心对象的直接可达对象，结果队列中存储数据点的输出次序。然后，迭代进行动态扩展并维护有序队列，同时依次将有序队列中的点放置到结果对列。最终，产生了一个以可达距离为纵轴、点的输出顺序为横轴的增广的簇排序。这里，输入参数的较小变化不会影响数据点在结果序列中的输出次序，所以克服了DBSCAN算法的输入参数敏感性问题；另一方面，也在一定程度上克服了DBSCAN算法不能有效挖掘任意密度簇的问题。随后，也有OPTICS算法的改进算法出现，ICA算法[18]就是一个基于OPTICS算法的增量式聚类算法。

DENCLUE（DENsity-based CLUStering）算法[19]是一种基于密度分布函数的聚类方法。它使用某种数学分布函数来估计数据集D中所有数据点的密度。经常使用的一种密度函数是标准高斯函数。聚类时，DENCLUE算法通过把数据点吸引到密度吸引点（Attractor）来形成簇。其中，密度吸引点是指密度函数的局部最大值对应的点。

近十几年来，大量面向不同应用和针对不同数据类型的基于密度的算法被提出。在高维应用中，基于密度的方法不只成功应用在与轴平行的子空间聚类[20,21]中，还成功应用于面向任意子空间的聚类中[22,23]。这些方法都可以被看作是GDBSCAN算法的应用实例。

2.3.3 基于层次的方法

层次方法（Hierarchical Method）建造了一个簇的层次，换句话说，一个由簇构成的树，也常被称为树状图（Dendrogram）[24]。因此，这种方法通过前一阶段确定的簇来发现后续的簇。它分为两种方法，即凝聚（Agglomerative）方法和分裂（Divisive）方法。凝聚的层次算法也叫自底向上（Bottom-up）的聚类方法，在初始情况下，它把每个数据点都当作一个独立的簇，然后迭代地在后续步骤中把距离较近的小簇合并成较大的簇。分裂的层次算法也叫作自顶向下（Top-down）的聚类方法，它在开始时把整个数据集当作一个大簇，然后迭代地在后续步骤中划分成较小的簇。这两种层次聚类都通过指定期望的簇个数或者层次个数来停止聚类。

层次聚类受困于一个事实，即数据集一旦被划分或者被合并就无法复原。但同时，由于在聚类时它不考虑选择不同簇合并或者划分的组合次数，所以它的计算代价较小。BIRCH（Balanced Iterative Reducing and Clustering using Hierarchies）算法[25]成功地将层次算法和其他聚类算法相结合，避免了前一步骤无法撤销的问题。BIRCH算法定义了一个三维向量，即簇的聚类特征（Clustering Feature，CF），来描述一个簇的各种有用的统计特征；BIRCH算法还使用CF树来构建类的层次结构。在第一阶段，BIRCH算法动态构建CF树，将数据点添加到最近的叶子节点。当叶子节点的数目达到分裂的阈值时，此叶子节点被分裂。在第二阶段，BIRCH算法通过某个聚类算法（比如k-Means算法）来聚类CF树的叶子节点，将稀疏的簇当作异常点，把稠密的簇进行合并。但是，像基于划分的聚类算法一样，由于BIRCH算法通过两点间的距离来度量是否合并两个子簇，因此它只能用来检测球状簇。

CHAMELEON算法[26]是一个使用动态建模的多阶段层次聚类算法。第一阶段采用k-最近邻（k Nearest Neighbours）方法[27]，对数据集D中的每个数据点和它的k个最近邻之间加带权边，边的权重表示这两个数据点之间的相似度，也就是说，它们之间的距离越大，则它们之间的边的权重越小。第二阶段利用边割最小的原理，把k-最近邻图切割成多个相对较小的子图。第三阶段使用凝聚层次聚类算法，把每个子图看作一个簇，根据两个簇之间的相对互联度和相对接近度来衡量两个簇之间的相似性，将相似的簇反复合并。CHAMELEON算法对发现任意形状的簇很有效，但同时却不得不受制于两个缺陷，即输入参数难以确定以及较高的时间复杂度。

CURE（Clustering Using REprisentatives）算法[28]也是一个经典的层次凝聚聚类算法。该算法首先把数据集中的每个数据点看成一类，然后合并距离最近的类直至类个数为所要求的个数为止。CURE算法采用了一种全新的类表示方法，它不是用一个中心点和围绕它的半径来表示一个类，而是选取一些数量固定、分布密集的点作为描述每一个类的代表点，并将这些点乘以一个适当的收缩因子，使它们更靠近类的中心点。也正是由于使用了收缩因子，因而异常点与其他正常数据间距离增大，聚类时降低了算法对异常点的敏感性。这种用多个代表点表示类的方法，克服了以单个中心点来表示类的缺陷，可以发现非球形的簇。不过，在处理大数据集时，CURE采用随机抽样的方法提高了算法的效率，却极大地牺牲了算法的精度。

ROCK算法[29]是一个使用链接概念作为相似性度量进行聚类的层次方法。如果两个簇中数据点之间的链接大到了一定的数量，就可以合并这两个簇。SNN（Shared Nearest Neighbors）算法[30]将基于密度的方法与ROCK算法的聚类思想进行了综合，通过只保留k个最近邻的方法稀疏化了相似度矩阵。

还有一些算法利用概率理论实现层次聚类，比如把互信息量当作相似度来进行层次聚类[31]、基于k最近邻的无参数信息论层次聚类[32]以及基于贝叶斯模型的层次聚类[33]等。

由于在处理大数据时，层次算法的时间复杂度以及空间复杂度都受到了挑战，于是，有一种新颖的层次聚类方法[34]只利用簇的中心点建立了类的层次，极大地提高了层次聚类的时间效率。

2.3.4 基于网格的方法

基于网格的方法（Grid-based Method）首先利用属性空间的多维网格数据结构，将空间划分为有限个单元以构成网格结构，也就是量化空间；然后利用网格结构完成聚类。其计算过程跟数据的个数没有关系，只与数据的维数和量化空间中每一维的网格数目有关，从而算法的效率比较高，但同时也导致了聚类结果的精确性受损。

基于网格的方法主要有STING（STatistical Information Grid-based Method）[35]、OptiGrid[36]、CLIQUE（Clustering in QUEst）[37]以及WaveCluster（Clustering with Wavelets）[38,39]等。其中，STING是一个著名的基于网格的聚类方法，它利用网格单元保存统计信息来进行聚类。它将输入对象的空间递归地划分成矩形单元，即，每个高层单元被划分为多个低一层的单元。这种多层矩形单元每层对应于不同级别的分辨率。每个单元的统计信息被预先计算和存储，这些统计信息在聚类时被用于回答查询。STING+[40]是一个改进的STING方法，用于处理动态空间数据。OptiGrid的处理对象是高维数据，它使用某种数据的映射来为数据的每一维计算最好的划分超平面。CLIQU也用于高维聚类，是基于先验的维增长的子空间聚类算法，它集成了基于网格与基于密度的聚类方法。WaveCluster以信号处理思想为基础，是通过小波变换来变换原特征空间的多分辨率的聚类方法，主要应用于信号处理领域。

2.3.5 基于模型的方法

基于模型的聚类方法（Model-based Method）[41]依赖于有限混合模型的概率密度分布函数，将每个簇视为从一个模型到多个混合模型的抽样，然后在数据集中查找与给定模型最佳拟合的数据点[42]。混合分布被证明是构建异构数据模型的一种强大工具。常见的基于模型的聚类方法除了基于统计学方法的支持向量聚类（Support Vector Clustering）[43]、高斯过程聚类（Gaussian Processes Clustering）[44]、EM聚类（Expectation-maximization Clustering）、期望最大化聚类[45]、基于隐类模型的聚类（Latent Class Cluster Analysis, LCA）[46, 47]等外，还有基于神经网络的SOM（Self Organizing Map，自组织映射）[48, 49]方法。SOM神经网络是一个由全连接的神经元阵列组成的自组织型学习网络。基于模型的聚类算法由于使用了各种数学模型，提高了算法分析与其他专业的契合度，是一种在实际应用中比较受欢迎的聚类方法。

2.4 其他聚类方法

除上节所述的几种经典的聚类方法之外，还有一些其他聚类方法。本节简要介绍其中两种聚类方法。

2.4.1 半监督聚类

聚类通常是指无监督学习。然而有时候在实际应用中，客户对无约束的解决方案不感兴趣。聚类经常受到一些特定条件的限制，使其更适合特定的业务活动[50]。所以，建立有条件的聚类划分是一个活跃的研究课题。可以利用一些知识，给一些数据点加上标签，利用很少的已知类标的点去协助或者指导其他未知类标的点的聚类过程，这种聚类叫作半监督聚类（Semi-supervised Clustering）。半监督学习集成了监督学习和无监督学习的优点。半监督聚类可以产生如同分类结果一样纯净的簇[51]。这些簇可被用于预测未来数据点的类别。比如，在销售数据库中，这种技术能被用于识别或者特征化顾客，以便提高将来的销售额。

近年来，出现了很多关于半监督聚类的研究[52-55]。文献[56]提出了两个被视为EM算法（Expectation Maximization Algorithm）实例的基于k-Means算法的半监督聚类算法，其中带标签的数据提供了有关隐藏类标签的条件分布。Sagatu等人提出了一个基于隐马尔可夫随机场的半监督学习概率模型，将监督纳入基于原型的聚类中[57]，模型结合了欧氏距离和约束学习，并且允许使用很多的聚类失真度量方法。

2.4.2 基于进化计算的聚类

进化算法是以进化论思想为基础，通过模拟生物进化过程与机制来求解问题的一种自组织、自适应的人工智能技术。基于进化计算的聚类利用种群的更新和进化机制，在种群空间里通过随机搜索技术获得最优解。这种在聚类中利用相应的启发式算法的方法，一般可以获得较高质量的聚类结果。但是，合适的优化目标函数通常难以确定，聚类结果会过度依赖某些经验参数的选择，计算复杂度也较高。基于进化计算的聚类算法包括：基于遗传算法的聚类算法[58,59]、基于蚁群算法的聚类算法[60,61]、基于粒子群算法的聚类算法[62,63]和基于模拟退火算法的聚类算法[64]等。

2.5 聚类算法常见的问题

2.3节和2.4节对不同类型的聚类方法进行了详细分析。很多算法是普适的、不特定于某种应用的无监督学习，可以被视为数据挖掘整体框架的一部分。而很多新提出的、在上文中没有提到的算法基本都可以被纳入上述方法中的某一类。每类聚类方法都有其独特的优点和不同的适用领域，用户在实际应用中可以根据需要选择恰当的聚类算法。不过，聚类技术目前依然有一些不足之处。为了让聚类算法得到更好的效果，一些常见的聚类研究中的问题将在本节予以研究。类似的问题也在两篇综述性文献中被提到过[24,65]。本节中描述的聚类算法存在的问题，不仅包括了上述文献中的一些观点，还包括了最近几年聚类研究的常见问题。

2.5.1 簇的个数的确定

在很多算法中，类的数目k通常是需要用户输入的一个参数。k值的不同，通常会导致一系列不同的划分。就如k-Means算法，其目标函数是单调递减的，不同的k会产生不同的聚类结果。因此，回答“到底哪个划分是最好的”是很有用的。

目前，已经有很多标准来指导发现最合适的k。这些标准常用的方法是评价类内数据分布的紧凑程度以及类间数据分布的远离程度。一个划分越好，则意味着这种划分结果中簇内数据间分布越紧凑，而位于不同簇的数据间相距越远。指导如何选择合适的簇的个数k，除了在本书2.7.2节提到的一些标准外，还有以下一些标准：

（1）MDL标准（Minimum Description Length Criterion，最小描述步长标准）[66]；

（2）MML标准（Minimum Message Length Criterion，最小消息步长标准）[67]；

（3）BIC标准（Bayesian Information Criterion，贝叶斯信息标准）[68]；

（4）AIC标准（Akaike's Information Criterion，Akaike信息标准）[69]；

（5）ICOMP标准（Non-coding Information Theoretic Criterion，非编码的信息理论标准）[70]；

（6）AWE标准（Approximate Weight of Evidence Criterion，近似权值评价标准）[71]。

这些标准各有千秋，通常不同的标准对应的最好划分之间的差别很大，没有一种标准能够满足各种情况下的聚类评价。在实际应用中，判定最好划分的方法，通常是一些经验知识和几种标准的结合使用[72]。

2.5.2 相似性度量

无论是划分方法还是层次方法都需要使用相似性度量方法。常用的一些相似性度量在本章2.2节中进行了详细描述。不同的相似性函数适应于不同的数据以及聚类算法。相同的聚类算法使用不同的相似性函数也会产生不同的结果。当遇到高维数据时，大多数传统的相似度函数，如欧氏距离，由于维数的增大通常都会失去其物理意义[73,74]。因此，聚类成功与否的一个关键因素就在于是否选用了合适的相似性度量函数。

2.5.3 异常点检测

数据集中不可避免地会存在异常点。对于某些聚类算法，异常点会影响聚类的质量，如基于中心点的划分方法。一个好的聚类算法，应该能在数据集包含异常点的情况下，不受异常点的影响而有效地划分数据集，或者在聚类的同时检测出异常点[75]。因此，能否在聚类的同时对异常点进行处理，是目前衡量聚类质量的一个关键因素。

2.5.4 算法的可扩展性

一个好的聚类算法应该既能适用于包括几十个或者几百个数据点的小数据集，又能在包括几百万或者几千万个数据点的大数据集上顺利运行。因此，一个好的聚类算法的时间复杂度应该是$O(n)$或者是接近于$O(n)$。k-Means算法几十年来经久不衰、广为使用的原因，除了簇的个数可以直接指定以及理论简单以外，还有一个原因就是其时间复杂度为$O(knt)$，其中n为数据集中的数据点数，k为簇的数目，t是迭代次数，通常$k \ll n$，$t \ll n$，所以其时间复杂度接近线性。在大数据时代，为了降低算法的时间复杂度，有时候用抽样数据代替全体数据是一种很好的选择，还可以以略微牺牲精度为代价换取较高的计算效率。

2.5.5 任意形状、任意密度簇的检测

大多数基于中心点的划分算法，只能发现球状簇，不能有效地检测到任意形状簇，比如两个经典的算法k-Means算法和k-Medoids算法。同时，同一簇内数据点的密度有时也存在较大的差异。当簇的任意形状与簇内点密度不均的情况同时出现时，如何发现数据集中的簇，就是聚类算法面临的一个严峻的挑战[76-78]。比如DBSCAN算法就只能有效检测点的密度基本一致的簇。

2.5.6 高维数据聚类

在很多数据集中，数据属性的维度很高，而很多算法只能有效处理维数较小的数据集[65]。如何有效聚类高维数据也是聚类算法面临的一个挑战。大量高维数据的出现被认为是“维灾难（Curse of Dimensionality）”，这可从以下两方面来体现：

（1）当数据的维数变大时，需要更大的存储空间来存储数据，也需要机器有更大的内存来运行数据。

（2）要评价一个点在数据集中的密度最大或者离其他点最远，就需要定义许多不同的能适应各种高维应用的距离或者相似性函数。

上述两点不仅影响着算法的效率，还影响着算法的聚类质量。

2.5.7 聚类结果的可解释性

在大多数情况下，聚类算法产生的结果都是可理解的、可解释的以及可用的。但当在有约束或者在需要依据某种领域背景知识的情况下去比较这些聚类的结果时，有些技术就力不从心了。因此，产生容易理解的聚类结果是非常必要的。聚类可能需要以特定的语义与应用相联系来解释结果。其中，应用目标如何影响聚类方法的选择也是聚类技术的一个重要研究课题。

2.6 当前聚类研究热点

聚类技术自从诞生伊始就受到了学术界的高度关注并获得了空前广泛的应用。正是这种研究与应用的强力推动，才发现了如上节所述的诸多问题。到目前为止，大量的研究人员依然在试图提出更好的聚类算法，力图解决上述问题，使聚类技术与目前的数据发展背景相契合。本书作者在近几年对聚类研究的基础上，总结并提炼出了当前关于聚类研究的一些热点。本节将详细描述这些热点。本书的研究内容，也与这些研究热点紧密相关。

2.6.1 任意密度、任意形状簇的挖掘

由于当前数据量日趋庞大，数据类型与分布日益复杂，包含任意密度、任意形状的簇的数据集广泛出现[79-83]，使近几年对这种类型数据的聚类研究达到了空前的高度。可以说，近几年提出的大多数非面向特定应用的、具有普适性特征的聚类算法，在选择基准数据时，基本都会用到这一类型的数据集。比较有代表性的算法有CFDP算法[84]、BOOL算法[85]、ABACUS算法[86]、SPARCL算法[87]和CLASP算法[88]等。

CFDP算法结合了划分方法和基于密度的方法的优点。首先，CFDP算法计算每个数据点的局部密度，以及一个点与密度更高的点之间的"最小距离"；如果一个点的密度最大，就给这个点赋予一个比其他所有"最小距离"都大的距离。这样，密度最大的点肯定拥有了最大的"最小距离"。然后，CFDP算法以局部密度为横坐标，"最小距离"为纵坐标，将每个点都分布在一个二维坐标图中，接着手动选取相对来说密度和"最小距离"都大的点作为簇中心点，并将具有较大的"最小距离"和较小密度的点当作异常点。最后，CFDP算法通过将每个点分配给密度比它大的最近邻所在的簇来构建簇。在大多数情况下，CFDP算法能够很容易地排除异常点并识别出任意形状和任意密度的簇。不过，关于中心点的选择，它有两个明显的不足之处[89]。第一个不足是需要手动选择簇中心点。而即便是手动选择，在一些数据集上，二维坐标图中呈现出的比较明显的簇中心点会多于或者少于实际的中心

点个数。第二个不足是，如果一个簇具有多个中心点，CFDP算法就会把它划分为多个簇。

BOOL算法是一个特别的层次聚类算法。该算法首先将所有数据点离散化，并同时表示为二进制数字，然后通过它定义的标准，迭代地合并所有的小簇来形成最终的簇结构。该算法有三个输入参数：簇的最小数目、异常点参数和距离参数。与很多层次聚类算法相同，簇的数目可以决定聚类结束时选用的簇的层次。异常点参数决定了检测出异常点的多寡。距离参数提供了是否合并两个簇的阈值。尽管BOOL算法提供了一种将数据表示为二进制数字的思想，在很多数据集上也能获得较好的效果，不过，该算法在有些数据集上表现不佳，此外，还可能将部分正常数据点误判为异常数据点[89]。

ABACUS算法是一种基于网格的方法。ABACUS算法通过识别簇的主干部分（Backbone）来构建簇。Backbone由数据集中很少的一部分数据组成。也正是由于这个原因，ABACUS算法可以用于大规模数据集。它的主要步骤是通过迭代地移动和合并数据点的操作来使所选择的数据的间距收缩而得到Backbone。Backbone找到后，就可以在后续步骤中很容易地找到真实的簇。ABACUS算法在识别任意形状簇时，在效率和精度方面都有不俗的表现。但是，由于数据集的收缩比率对参数k非常敏感，用户需要为不同的数据集选择不同的参数k，其中k是点的最近邻的数目。而且，它还需要指定最终的簇的个数。如果没有相关背景知识可供参考，通常很难确定这两个参数。

SPARCL算法属于划分方法。它的第一阶段使用k-Means算法将数据集划分为几个局部分组，选择簇的中心点来当作一个“伪簇”的代表点，然后合并局部密度大小相似的点到同一个簇，这些合并的点也包括前面用k-Means算法选择的中心点。然而，用户必须指定代表点的数目，也就是k-Means算法中的k。k-Means算法最初的种子点也会影响簇的形状信息。

CLASP算法的原理与SPARCL算法的原理有些类似。它也是使用k-Means算法找到代表点来有效保持簇的形状信息，自动收缩数据集的大小。然后，它调整这些代表点的位置以增强它们内在的关系，使簇结构更加清晰、簇之间的不同更加明显。最后，它基于k近邻相似度执行凝聚聚类，来识别最终的簇结构。不过，CLASP算法在运行时需要过多的参数，而这些参数都不太容易确定，并且在很多数据集上，聚类性能都表现不佳[89]。

最近两年针对识别任意密度、任意形状的簇的很多算法都跟密度相关，这是因为基于密度的算法有一个显著的优越性，即能检测出任意形状的簇。但由于很多基于密度的算法一般都会设置一个全局的密度阈值，使得这类算法在密度不均匀的数据集上的表现欠佳。一些新的基于密度的聚类算法正在试图克服这一缺陷。Zhu等人提出了一个基于密度比的聚类算法，通过估计密度来计算密度比[90]。DBSCALE算法是一个基于领域知识驱动的基于密度的聚类算法，它通过使用领域知识来自动计算DBSCAN算法里的两个参数ε和$MinPts$，这种办法能更有效地检测出任意形状的簇[91]。MuDi-Stream算法是一个挖掘数据流的聚类算法，专门针对任意密度数据流，它分为离线和在线两个阶段。在线阶段以核心微型群的簇形式来保留进化的多密度数据流的概要信息，离线阶段使用一个基于密度的聚类算法来形成最终的簇[92]。YADING算法是一个端对端的能适应大规模时间序列数据的多密度快速聚类算法，它包括三个步骤：采样输入数据集、对采样数据集进行聚类、将其余的输入数据分配给已生成的簇[93]。

还有很多基于其他思想的检测任意密度、任意形状簇的聚类算法。Zhao等人提出了一个对空间数据进行聚类的网络增长聚类算法，该算法能以$O(n\cdot\log n)$的时间复杂度来检测出任意形状的簇[94]。Edwin与Moamar提出了一个实现划分与合并概念的自动数据流聚类算法，同时，它也是一个无参数的聚类算法[95]。Liu等提出了一个基于自组织增量神经网络的聚类算法，可通过学习每个簇的数据分布来检测任意形状簇[96]。CNNI算法是一个基于近邻影响的聚类算法，它使用了三个基本概念：近邻点集、网格单元和近邻网格单元集，并提出了两个新的概念：近邻影响和一种相似度度量方法[97]。OFC算法是一个在线的基于框架的聚类算法，算法分三个阶段：基于密度的异常点剔除、新类的产生、簇更新[98]。Gan等提出了一个通过在两点间传播概率的聚类算法，它使用通过核函数计算的局部密度和一个带宽来初始化一个点选择另一个点作为它的“吸引者（Attractor）”的概率，然后传播这个概率直到吸引者集合变得稳定，该算法不仅能检测出球状簇还能检测出非球状簇[99]。

2.6.2 图聚类

图聚类有两种：一种是对子图的聚类；另一种是对图的顶点的聚类。本书中的图聚类都是指对图的顶点的聚类。它是面向一种特殊类型数据的聚类，这种特殊的数据就是复杂网络。复杂网络由顶点和顶点间的边组成。现实生活中存在很多这样的网络，比如万维网（点表示IP，边表示网络连接）、蛋白质作用网络（点表示蛋白质，边表示两个蛋白质之间的相互作用）、航班网络（点表示航站，边表示航班）等。图聚类将复杂网络中的顶点划分为多个簇，使得簇内的顶点间的联系相对紧密，而不同簇之间顶点间的联系尽可能稀疏[100-102]。图聚类通常也叫作社团检测、顶点聚类等。

图聚类作为目前的一个研究热点，出现了很多种不同的研究方法，主要包括：层次聚类算法、基于标签传播机制的方法、谱聚类算法、图论方法、基于随机游走的方法以及基于模块度优化的方法等。

GN算法[100]是一个著名的基于图分裂的层次聚类算法。它提出了“边介数”的概念，即网络中所有顶点间的最短路径经过该边的次数。在GN算法中，边介数越大的边被认为属于簇间的边的可能性越大。基于这个思想，GN算法首先计算所有边的边介数，然后删去边介数最大的边，接着继续迭代这一过程，直到删除网络中所有的边。由于GN算法的复杂度较高，随后它的一个著名的改进算法[103]被提出，新算法中提出了“连接聚类系数”的概念。连接聚类系数就是包含该连接的短回路数目。在每次迭代中去除连接聚类系数最小的边，达到了去除冗余计算、降低复杂度的效果。CONGA算法[104]将分裂算法思想运用到重叠社团检测中，先计算网络中全部边的边介数，当某个顶点的连介数比它相连的所有边的边介数都大时，将该顶点分裂为两个顶点，然后再使用GN算法，这样就使一个顶点可以分别属于两个不同的簇。同传统的自顶向下的层次聚类算法一样，图层次聚类算法将分裂过程中的某一层当作最终的簇结构。

LPA（Label Propagation Algorithm）算法[105]将顶点的标签定义为其邻居中出现最多次的标签，然后利用迭代的方式对标签进行更新，直到网络中每个顶点的标签都是其邻居中占多数的标签时，算法结束。LPAm算法[106]是LPA算法的一个改进算法。它将标签传播转换为一个优化问题，把标签传播过程的优化目标转换为取得模块度的最大值，每个顶点选择模块度最大时的类标签作为自己的标签。为了克服LPAm算法容易陷入局部极值的缺点，Liu等人提出了LPAm+算法[107]。该算法同时合并多个社团，使整体网络结构朝着模块度最大化的趋势前进，跳出局部极值。

谱聚类算法利用邻接矩阵或者拉普拉斯矩阵的特征向量，将点投影到一个新的空间，在新的空间使用传统的聚类方法，如k-Means来聚类。谱二分聚类使用了相似度矩阵，算法根据最小非零特征值对应的特征向量将网络一分为二，重复这一过程，直到得到给定数量的簇结构为止[108]。Mavroeidis提出了一种使用半监督技术来提高谱二分图聚类性能的算法[109]。

Kernighan-Lin方法[101]是一个经典的图剖分方法，该方法先将网络划分为任意两个子网络，然后将两个子网络中的某些顶点进行交换，并且重复这一过程，直到找到能使增益函数达到最大值的子网络。该过程不断迭代，得到最终的簇结构。

马尔可夫聚类算法（Markov Clustering Algorithm, MCL）[110]是一个基于随机游走过程的图聚类算法。当遍历者在游走时，该算法通过修改状态转移概率矩阵，使遍历者在簇内部游走的概率变大、走出簇的概率变小。当算法结束时，簇之间的边被遍历者游走的概率接近于0，这样就得到了最终的簇结构。WalkTrap算法[111]也是一个基于随机游走思想的图聚类算法。该算法首先计算所有顶点之间的距离，将顶点之间的距离平方和最小的两个簇合并，重复这一过程，直到所有顶点进入同一个簇，最后选择模块度最好的簇结构。Tabrizi等人则利用随机游走的思想，提出了一种自顶向下的簇检测算法，使用模块度来评价簇结构，最后得到多个不同层次的簇结构[112]。

基于模块度的优化函数将模块度[102]当作目标函数来获得最优的簇结构。FastQ算法[113]首先将每个顶点当作一个簇，然后将合并后能使模块度增量最大的两个簇进行合并，重复合并过程，当得到一个高的模块度值时，就得到了一个好的簇结构。Guimera和Amaral提出了一种基于模拟退火算法的图聚类方法，该算法允许以一定的概率接受较差解，这样就使得算法有良好的全局搜索能力[114]。Pizzuti将遗传算法引入图聚类，该算法将遗传算法的染色体进行了离散式的编码以适应图聚类问题，还定义了一个新的评价簇结构的指标作为适应度函数[115]。在2012年，Pizzuti又将多目标的遗传算法引入了簇检测，在该算法中使用了两个适应度函数，用契比雪夫分解方法将两个目标函数的可行解域进行分解，最终可以获得在最高NMI和最高模块度值两个方面都比较好的结果[116]。

2015年，Shao等人提出了Dynamics-distance算法[117]。该算法放弃了传统的簇检测思想，采用了将网络之间的边量化的方法。它首先通过定义的距离公式，计算网络中所有节点之间的距离，然后根据节点之间的引力相互作用，通过使簇内部边的距离不断变小、簇之间边的距离不断变大来得到最终的簇结构。相对传统算法，该算法的效率较高，并且能得到较好的簇结构。

至今，虽然出现了很多图聚类算法，但由于算法的时间复杂度过高以及算法在处理大网络时的聚类精度不高等问题，很多适用于小网络的算法在大规模网络上有时会表现欠佳。同时，当顶点无类标时，目前只能采用模块度这个单一的评价标准来评价图聚类的结果。因此，如何更快、更有效地聚类网络顶点，提出适用于大规模网络的聚类算法，并能用多种方法衡量最优的聚类结果，依然是摆在研究者面前的一个重要课题。

2.6.3 面向特定应用的聚类

前面已经提到了很多种不同的算法，但在实际应用中，由于数据类型、数据特征以及应用环境的影响，很多方法是不能通用的。这时，使用者通常会根据实际情况，选择适合于某种应用的算法，或者，同时使用多种方法对数据进行聚类，然后根据先验知识在这些聚类结果中选择比较合理的一种结果。这种选择聚类算法或选择聚类结果的方法，通常需要有较强的聚类算法背景以及较强的应用领域背景。算法背景可以帮助查看所用的数据是否与算法对应的数据特征相符合。比如，如果选用了k-Means算法，使用者就应该很清楚地知道k-Means算法只能检测球状簇，如果数据集中可能包含非球状簇，k-Means算法就不适用了。此外，前面已多次提到，k-Means算法的k很难确定，而不是很多不熟悉聚类背景的人理解的想要几个类就可以分成几个类。但是，很多具有应用领域背景的人通常是不熟悉算法背景的。在这种情形下，迫切需要面向不同专业数据背景的聚类分析，因此，很多面向特定应用的算法就应运而生了。

Gap Procedure算法[118]是一个基于距离的聚类算法。这个启发式算法为感染了人类免疫缺陷病毒1型的DNA序列提供了一个分类方法，能够支持大型基因数据集的快速分析。该算法依赖于在两两距离排序中形成的距离差异，由数据驱动的方式推断出簇，是个完全自动化的过程，不需要用户指定阈值。CD-HIT算法[119,120]是一个被广泛使用的、对大型生物序列数据集进行聚类和比较的程序，可以减少数据冗余性并提高其他序列分析的性能。Bai等人提出了一个为范畴数据进行聚类的算法[121]，该算法通过簇间的信息来修改模糊k-Modes算法的目标函数，进而将类内点的分离度最小化，并且增大了类间的远离程度。此外，还有一些有助于环境治理、污染控制的聚类算法[72]。

2.6.4 高维聚类

文本数据[122]、基因表达数据[123]等很多类型数据的属性常可以达到成百上千维，甚至更高。高维数据集中通常存在着大量无关的属性，正是由于这些无关属性的干扰，在整个属性空间中几乎不可能存在明显的簇。同时，高维空间中的数据分布通常比较稀疏，数据间距离几乎相等是普遍现象。即便是数据分布不稀疏，低维空间中常用的相似性计算方法通常在高维空间中都不再适用[73,74]。因此，许多在低维数据空间表现良好的聚类方法在遭遇高维空间时经常失效，对高维数据进行有效聚类成为聚类分析技术的难点。目前，一般使用降维和子空间聚类两种技术解决以上问题[123,124]。

降维是一种常用的方法，减少数据的维数可明显加快学习的进程[125]。降维的主要方法是特征转换。特征转换是一种传统的方法，例如主成分分析和奇异值分解等方法。主成分分析方法通过线性组合将原数据集的维合并至比较少的新维，使得诸如k-Means等传统算法也能在这些新维上有效聚类。但是这种方法难以确定合适的新维的维数，容易丢失重要的数据信息，而且聚类时可能产生无意义的簇。因此，这种方法只适用于数据的多数属性都相关的高维数据集。

子空间聚类[126]由R. Agrawal首次提出[37]，是实现将高维数据集进行聚类的有效途径，其思想是将搜索局部化在相关维中进行。因此，其基本方法是特征选择，也就是只在相关的子空间上执行挖掘任务，从而找到所需的簇。数据中可能包含着多个侧面，子空间聚类通常针对这些不同侧面进行聚类，从而得到多种聚类方法。

聚类技术面对的高维数据通常被分为两类：一种是抽样样本少且数据的维数大的数据集，诸如基因表达微阵列数据、癌症微阵列数据等，它们的数据维数远大于数据点的个数[127,128]；另一种是数据量大的高维数据集[129]。面对低抽样高维度的数据，SigClust（statistical Significance of Clustering）[130]提供了一个在聚类过程中是否将某一个簇继续划分的统计评价方法。Yata等人利用PCA方法也对这种低抽样高维度的数据集进行了聚类研究[131]。对于数据量大的高维数据集，也有算法致力于提高聚类的执行效率[132,133]。

2.6.5 无输入参数的聚类

通过2.3节中对传统聚类方法的分析可以看出，包括k-Means方法在内的很多聚类方法，在进行聚类之前都需要用户事先确定要得到的簇的数目或者其他的输入参数。然而，在很多真实数据集中，簇的数目是未知的。通常需要通过不断地实验来调整聚类算法的输入参数，来获得合适的簇数以及较好的聚类结果。输入参数极大地影响着聚类的质量。

当然，对于某些应用程序，当类的数目可以提前预知或者实际应用能提供具体的类个数时，参数就意味着把领域知识融入到了聚类过程中，因此，在某些情况下，指定输入参数是有益的。但我们不得不面对的一个事实是，在很多实际应用中，最优的输入参数是很难确定的。

近年来，有研究者开始着手研究无输入参数的聚类。TURN算法[134]和TURN*算法[135]是一种不需要任何输入参数的方法。TURN算法致力于Web日志分析，而TURN*算法致力于在大数据集中发现任意形状簇。它们通过给某个未分配点和其他未分配点之间的相似度排序来寻找排序序列中的转折点，然后将排在转折点前的数据与此点放置到同一类。NIC（Nonparametric Information Clustering）算法[136]利用无参数估计的平均类熵，搜索使点和簇之间的估计互信息量最大化的聚类结果。PFClust（Parameter Free Clustering）算法[137]是一个基于划分的聚类方法。该算法把数据集划分为几个有共同属性的簇，比如最小期望值和类内相似度方差。DAN（Density Adaptive Neighborhood）算法[138]是一个无参数的谱聚类算法，它结合了距离、密度和连接信息，能够适用于任意密度的数据集。

2.6.6 聚类中的异常点检测

一个好的聚类算法，应该能在数据集包含异常点的情况下，不受异常点的影响而有效地划分数据集，或者在聚类的同时检测出异常点。文献[139]对异常点进行了定义，并提出了一种在聚类结果中检测异常点的方法。其后的很多研究证明，当异常点不影响聚类过程时，这种在簇内部检测出异常点的方法是一种非常有效的异常点检测方法。基于与OPTICS相同的理论基础，LOF（Local Outlier Factors）算法[140]计算一个数据集中的局部异常点，通过给每个点分配一个异常点因子来描述异常点与周围空间的关系。根据异常点因子的值的大小，可以为数据点排序。如果使用了OPTICS的簇结构，异常点因子的计算就会非常有效。OPTICS-OF[141]也是在OPTICS基础上提出的一种基于周围簇结构的异常点检测算法。

2.7 常用聚类质量评价方法

实际应用中，我们经常需要判断聚类算法产生的聚类结果是否合理，并需要比较多个算法在同一个数据集上产生的聚类结果的优劣。这就需要对聚类的质量进行评价。另外，对聚类结果进行评价还可以帮助估计算法在每个数据集上的聚类可行性和实用性，帮助确定聚类算法的输入参数。聚类评价分为外在评价和内在评价[142,143]两种方法。

2.7.1 外在评价方法

在已知数据集标准划分的情况下，利用标准划分评价某种算法对数据划分的结果，就称为外部评价方法。最常用的外部评价方法有Rand Index（RI）[144]、Adjusted Rand Index（ARI）[145]、Normalized Mutual Information（NMI）[146]、F-measure（亦即F-score）[147]、Jaccard Index 和Purity。

为了方便以下描述，本书将数据集的标准划分记为$S=\{S_1,S_2,\cdots,S_s\}$，待评价的某种算法的划分记为$P=\{P_1,P_2,\cdots,P_m\}$。

（1）Rand Index

用a,b,c,d表示两个点x_i和x_j相应的簇分配：

$$a=\left|\left\{\left(x_i,x_j\right)|x_i,x_j\in S_k,x_i,x_j\in P_l\right\}\right|$$

$$b=\left|\left\{\left(x_i,x_j\right)|x_i\in S_{k_1},x_j\in S_{k_2},x_i\in P_{l_1},x_j\in P_{l_2}\right\}\right|$$

$$c=\left|\left\{\left(x_i,x_j\right)|x_i,x_j\in S_k,x_i\in P_{l_1},x_j\in P_{l_2}\right\}\right|$$

$$d=\left|\left\{\left(x_i,x_j\right)|x_i\in S_{k_1},x_j\in S_{k_2},x_i,x_j\in P_l\right\}\right|$$

其中，$1\leqslant i$，$j\leqslant n$，$i\neq j$，$1\leqslant k$，k_1，$k_2\leqslant s$，$k_1\neq k_2$；$1\leqslant l$，l_1，$l_2\leqslant m$，$l_1\neq l_2$。

那么，Rand Index可表示如下：

$$RI=\frac{a+b}{a+b+c+d}=\frac{a+b}{\binom{n}{2}} \tag{2.9}$$

直觉$a+b$可被看作是S和P两个划分的一致性，$c+d$可被看作是S和P两个划分的偏差。Rand Index的取值范围为[0,1]，0意味着两个划分完全不同，1则表示两个划分完全一致。其值越大，类的划分就越好。

（2）Adjusted Rand Index

Adjusted Rand Index是Rand Index的调整形式。

$$ARI=\frac{Index-ExpectedIndex}{MaxIndex-ExpectedIndex} \tag{2.10}$$

为了更具体地描述ARI，用表1表示基准划分S和实际划分P一致的部分，其中

n_{ij}是既在S_i中又在P_j中的共同点的数目，亦即$n_{ij}=S_i \cap P_j$。

表2-1　n_{ij}构成的列联表

$S\backslash P$	P_1	P_2	...	P_m	$Sums$
S_1	n_{11}	n_{12}	...	n_{1m}	a_1
S_2	n_{21}	n_{22}	...	n_{2m}	a_2
...	...	...	...	...	...
S_s	n_{s1}	n_{s2}	...	n_{sm}	a_s
$Sums$	b_1	b_2	...	b_m	

则Adjusted Rand Index可表示为

$$ARI=\frac{\sum_{ij}\binom{n_{ij}}{2}-\left[\sum_i\binom{a_i}{2}\sum_j\binom{b_j}{2}\right]/\binom{n}{2}}{\frac{1}{2}\left[\sum_i\binom{a_i}{2}+\sum_j\binom{b_j}{2}\right]-\left[\sum_i\binom{a_i}{2}\sum_j\binom{b_j}{2}\right]/\binom{n}{2}} \tag{2.11}$$

其中n_{ij}，a_i，b_j的值可由表2-1得到。

从公式（2.10）可以看出，当*Index*的值比*ExpectedIndex*的值小时，*ARI*可能为负值。*ARI*的取值范围为[-1,1]，*ARI*值越大，类的划分越好。

（3）Normalized Mutual Information

Normalized Mutual Information是一个基于信息论的衡量标准：

$$NMI=\frac{I(S,P)}{\frac{H(S)+H(P)}{2}} \tag{2.12}$$

其中，$I(S,P)$为标准划分S与实际划分P的互信息量，可用来评价两种划分结果的一致性；$H(S)$和$H(P)$分别表示这两种划分的熵。

更进一步，*NMI*可用概率表示为，

$$NMI=\frac{-2\sum_{i=1}^{m}\sum_{j=1}^{s}\left|S_i\cap P_j\right|\log\left(\frac{\left|S_i\cap P_j\right|\cdot n}{\left|S_i\right|\cdot\left|P_j\right|}\right)}{\sum_{i=1}^{m}\left|P_i\right|\log\left(\frac{\left|P_i\right|}{n}\right)+\sum_{j=1}^{s}\left|S_j\right|\log\left(\frac{\left|S_j\right|}{n}\right)} \tag{2.13}$$

*NMI*的取值范围为[0,1]，其值越大，类的划分越好。

（4）F-measure

首先需要定义如下的几个术语[1]：

TP （True Positive）：指被分类器正确分类的正类点的个数；

TN （True Nagative）：指被分类器正确分类的负类点的个数；

FP （False Positive）：指被分类器错误地标记为正类点的负类点的个数；

FN （False Nagative）：指被分类器错误地标记为负类点的正类点的个数。

然后使用准确率（Precision）度量被正确分类的正类点的个数占被分类器标记为正类点数的百分比：

$$Precision = \frac{TP}{TP + FP} \tag{2.14}$$

使用召回率（Recall）度量正点类被分类器标记为正的百分比：

$$Recall = \frac{TP}{TP + FN} \tag{2.15}$$

将Precision和Recall组合成的一个度量方法就是F-measure（也被称作F1-measure或F-score）。F-measure 被定义为，

$$F - measure = \frac{2 \times Precision \times Recall}{Precision + Recall} \tag{2.16}$$

F-measure的取值范围为[0,1]。其值越大，类的划分越好。

（5）Jaccard Index

Jaccard Index也叫Jaccard系数，被用于评价两个数据集的相似性或者两个划分的一致性。其定义如下：

$$JI(S,P) = \frac{|S \cap P|}{|S \cup P|} = \frac{TP}{TP + FP + FN} \tag{2.17}$$

Jaccard Index的取值范围为[0,1]。值为1意味着两个数据集完全等同，值为0意味着两个数据集没有相同的元素。

（6）Purity

Purity表示类的纯净度。对于单个簇P_j，首先需要找到与其相对应的标准划分里的簇S_i，然后计算P_j中的点也在S_i中的点数占P_j中总点数的比例，此比例就是簇P_j的纯净度。单个簇的纯净度可形式化表示为：

$$Purity(P_j) = \frac{|S_i \cap P_j|}{|P_j|} \tag{2.18}$$

其中，$|S_i \cap P_j|$为$S_i \cap P_j$中的数据点的个数，$|P_j|$为簇P_j中的数据点的个数。

整个划分的纯净度是所有簇的纯净度的均值，即

$$Purity(P) = \frac{\sum_{j=1}^{m} Purity(P_j)}{m} \tag{2.19}$$

Purity 的取值范围为[0,1]。其值越大，类的划分越好。

2.7.2 内在评价方法

在很多实际应用中，研究人员无法预先获得数据集的标准划分。这时候，就需要使用算法自身产生的聚类结果来对算法质量进行评价，这种评价方法就是内在评价方法。内在评价方法一般是根据簇内数据点的紧密度和簇间数据点的分离度评估聚类的好坏。使用内在评价的一个缺点是，好的内在评价指标有时候并不意味着有效的聚类结果。一般情况下，建议同时使用两个不同的评价指标进行评价。

（1）Dunn Index[148]

Dunn Index被定义如下：

$$Dunn = \min_{1\leq i\leq m}\left\{\min_{1\leq j\leq m, j\neq i}\left[\frac{\delta(C_i, C_j)}{\max\limits_{1\leq k\leq m}\Delta k}\right]\right\} \tag{2.20}$$

其中，$\delta(C_i, C_j)$是类C_i和C_j之间的相似性，Δ_k是同一个类内的两点间不相似度的最大值。对于一个给定的划分，较高的Dunn Index值意味着较好的类的划分。

（2）Silhouette Index [149]

Silhouette Index被定义如下：

$$S = \frac{1}{m}\sum_{i=1}^{m}\left\{\frac{1}{n_i}\sum_{x_i\in C_i}\frac{b(x_i)-a(x_i)}{\max\left[b(x_i), a(x_i)\right]}\right\} \tag{2.21}$$

其中，m是簇的个数，n_i是簇C_i中的数据点个数。对于每个数据点x_i，$a(x_i)$是x_i与同一类内其他所有点的平均不相似度，$b(x_i)$是x_i与其他类内的点的平均不相似度的最小值。

对于一个给定的划分，较高的Silhouette Index值意味着较好的类划分。

（3）Davies - Bouldin Index

Davies - Bouldin Index被定义如下：

$$DB = \frac{1}{m}\sum_{i=1}^{m}\max_{j\neq i}\left(\frac{\sigma_i+\sigma_j}{d(c_i, c_j)}\right) \tag{2.22}$$

其中，m是类的数目，c_i是簇i的中心点（Centroid），σ_i是簇i内所有的点到中心点c_i的平均距离，$d(c_i, c_j)$是两个中心点c_i和c_j间的距离。

当聚类算法产生数据点在类内高相似并且类间低相似的簇时，将会得到一个低的Davies - Bouldin Index。基于此标准，获得最小的Davies - Bouldin Index的聚类算法就是最好的算法。

在第六章的实验中，Dunn Index[148]和Silhouettes Index[149]被用于评估EPC算法及其比较算法在实际数据上的性能。

3 使用*k*NN发现簇密度主干的聚类算法

3.1 研究背景

聚类是一种把相似的数据聚集在一起的方法，已经成功应用于模式识别、机器学习、工程以及生物等领域。理想情况下，一个好的聚类算法应该是有效的、鲁棒的，并在不需要很多输入参数的条件下，能在应用中将数据集划分成多个有实际意义的簇。

然而，尽管大多数聚类算法在很多情况下是有效的，但当数据集中包含的簇是任意密度、任意形状和任意规模时，这些算法往往就难以胜任了。举例来说，在图3-1（a）所示的数据集中就包含了形状不同、密度不同的多个簇，甚至是在同一个簇中的点的密度也是不同的。前文已经提到，在这方面已经进行了很多的研究工作，其中，*k*-Means算法[2,3]、DBSCAN算法[13]和CFDP算法[84]是三种有代表性的聚类算法。*k*-Means算法是一个典型的基于划分的聚类算法，但它简单的划分策略使得它对异常点很敏感，并且只能发现球状簇。DBSCAN算法是一个典型的基于密度的算法，它能发现不同形状、不同规模的簇，还能同时检测出异常点。但是，其固定的密度设置不一定适合一个数据集中的所有簇，从而DBSCAN算法不适用于聚类任意密度数据集。而且，即便是对密度均匀的数据集，也很难确保输入合适的密度参数。CFDP算法融合了基于划分的聚类方法与基于密度的聚类方法的优点。它首先计算每个数据点的局部密度，以及此点与其他更高密度点间的最小距离（Minimum-distance），然后，选取最小距离和密度都相对比较大的点作为簇的中心点，将最小距离比较大而密度比较小的点视为异常点。最终，通过把剩余点分配给密度比它大的最近邻所在的簇来形成最终的簇结构。虽然在大多数数据集上，CFDP算法能够自动检测出异常点，并发现任意形状和任意密度的簇。但在选择簇中心时，CFDP算法有两个明显的不足之处。第一个不足是它需要手动选择中心点。即使如此，在一些数据集上，它产生的中心点的个数也可能与正确的簇个数不同。第二个不足是，当一个簇有多个中心点时，它不能正确聚类。如在图3-3（h）中所示（在本章所有的图中，一种颜色代表一个簇），在中间部分的簇由于有两个中心点，CFDP算法把它划分成了两个簇。 CFDP算法对含多中心点的簇的同样的划分方式也在图3-2（h）

的左上角出现了。为了能更有效地识别出任意形状、任意大小和任意密度的簇，克服上述三种聚类方法的缺点并同时利用其优点，本章通过将这三种方法的聚类思想相结合而提出了一个简单且有效的、鲁棒的、可扩展的聚类算法——CLUB（CLUsteringbased on Backbone）算法。CLUB算法的关键特征是：它根据簇的密度主干（Cluster DensityBackbone）进行聚类，代替仅仅根据一个簇中心进行聚类，从而克服了k-Means算法和CFDP算法的局限性。而且，CLUB算法还使用了一个全新的方法检测异常点并发现簇的主干。这种方法认为一个簇内所有的点都是由一个接一个的有互为k近邻关系[27]的点相连而成。因此，CLUB算法能自动适应不同的密度，而不是依赖如DBSCAN算法一样的静态的密度设置方式去聚类数据。因此，它能够在不受数据点密度和簇形状的限制的情况下发现簇的正确数目并检测出正确的簇。

CLUB算法采取了三个步骤以获取正确的簇结构。三个步骤分别产生的簇可用如图3-1中的示例来说明。第一步自动将任意两个互为k近邻的点聚集到一个簇。以这种方式，任何在簇外部的点如果在其某个邻近的簇内有互k近邻，这些外部点也就被吸引到这个簇中。图3-1（a）显示了第一步的聚类结果。可以看出，这一步得到的初始簇需要进一步划分。在第二步，为了进一步划分初始簇，取初始簇内密度比较大的半数点，不断将其中与某簇内点有k最近邻关系的点吸引进此簇。图3-1（b）显示了在本步获得的簇主干。正是由于这一步，使CLUB算法能在后续步骤中很容易地识别出真实簇结构。在第三步，CLUB算法将每个剩余的不含标签的点分配给密度比它大的最近邻所属的簇。此步结束时，CLUB算法就获得了最终的簇结构，如图3-1（c）所示。尽管在此三步结束后，已经形成了最终的簇结构。但由于异常点会影响对数据的分析，最后一步就需要过滤出每个簇内的异常点。

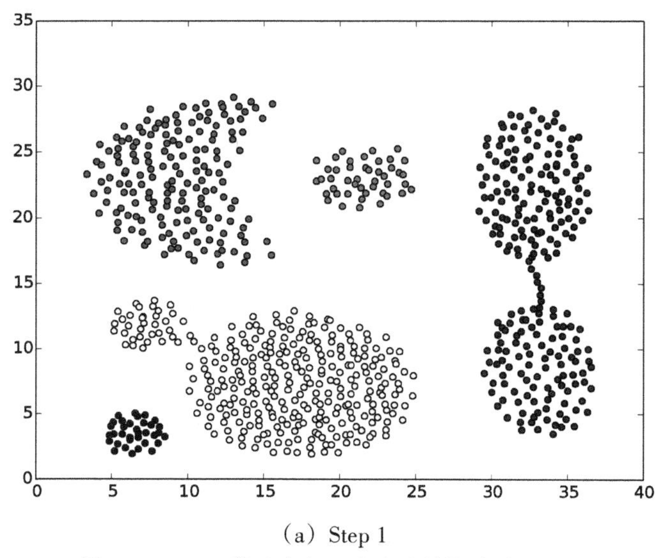

（a）Step 1

图3-1　CLUB算法在每一步产生的聚类结果示例

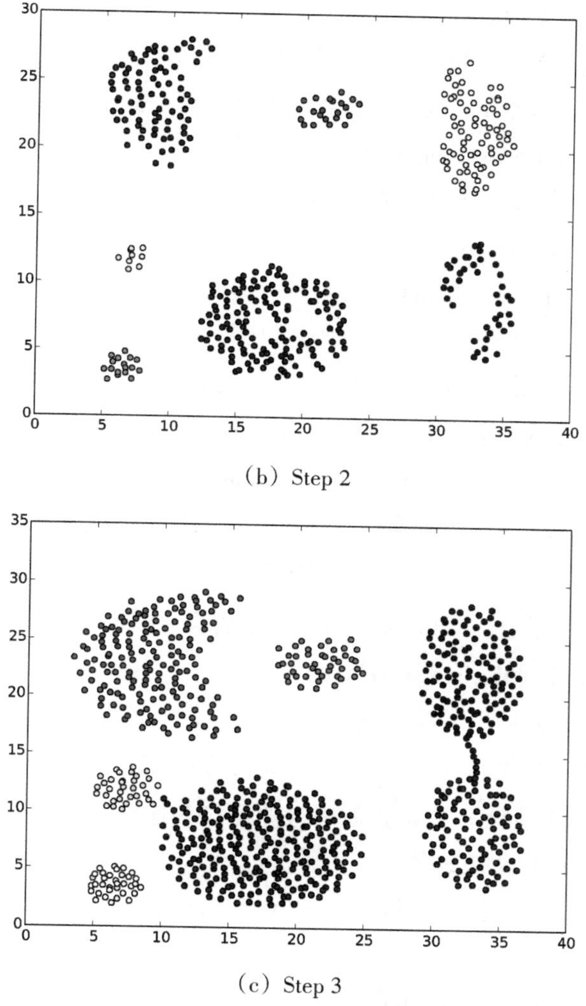

(b) Step 2

(c) Step 3

续图3-1　CLUB算法在每一步产生的聚类结果示例

总体来说，本章的主要贡献如下：(1) 提出了一个能发现任意密度、任意形状和任意规模的簇的算法；(2) 提出了一个全新的且只需要一个输入参数的密度计算方法，使密度的计算变得更容易；(3) 提出了一个新颖的簇主干识别方法，使簇结构更清晰，对任意形状簇的检测也变得更有效；(4) 提出了确定CLUB算法输入参数的大致取值范围的方法。

本章其余部分组织如下：3.2节详尽阐述了CLUB算法；3.3节通过全面的、广泛的实验验证了CLUB算法的性能；3.4节对本章的工作做了总结。

3.2　CLUB算法

本节将详细介绍CLUB算法。首先，提出并介绍一些CLUB算法所需的概念，然后，详细描述CLUB算法的聚类过程，最后，对CLUB算法的时间复杂度进行分析。

3.2.1 相关理论及概念

CLUB算法中，异常点的检测、簇主干的识别以及密度的确定都依赖于k近邻关系。在本小节，将基于k最近邻的概念为CLUB算法提出一些预备概念。

（1）k最近邻（k nearest neighbours）

$x_1,x_2,\cdots,x_i,\cdots,x_n$是数据集$D$中的$n$个点。对$D$中的每个点$x_i$，与$x_i$最相似的$k$个邻居被称为$x_i$的$k$最近邻（$k$ nearest neighbours，kNN），表示为$N_k(x_i)$，$N_k(x_i)\subseteq D$。

（2）kNN连接（kNN-connected）

给定数据集D中的两个点x_i和x_j，当且仅当$x_i\in N_k(x_j)$或者$x_j\in N_k(x_i)$时，称这两个点为kNN连接（kNN-connected）关系。在CLUB算法的第二步中发现簇主干时，如果两个点是kNN连接的，就把这两个点聚集到同一个簇中。

（3）互k最近邻（Mutual k-nearest neighbours）

给定数据集D中的两个点x_i和x_j，当且仅当$x_i\in N_k(x_j)$和$x_j\in N_k(x_i)$时，称x_i和x_j为互k最近邻（Mutual k-nearest neighbours，MkNN）。另一方面，如果x_i或者x_j没有出现在另一个点的k最近邻中，x_i和x_j就不是互k最近邻，也就不存在互k最近邻关系。

（4）互kNN连接（MkNN-connected）

当且仅当x_i和x_j是MkNN时，这两个点被称作互kNN连接（MkNN-connected）关系。给定数据集D中的两个点x_i和x_j，如果它们是MkNN，则x_i和x_j足够相似，它们来自同一个簇的可能性就非常大。正是这种互kNN连接方法使CLUB算法能够发现由任意互kNN连接的点组成的簇。

在CLUB算法的第一步，通过把互kNN连接的点依次分配到同一个簇来形成初始簇。

MkNN关系有以下两个重要的特征：

①MkNN连接是对称的；

②同一个簇中的点可以通过MkNN连接方法来依次聚集在一起。

（5）共享k最近邻（Shared k nearest neighbours）

对于点x_m，如果x_i和x_j是MkNN，并且满足$x_m\in N_k(x_j)$和$x_m\in N_k(x_i)$，x_m就是x_i和x_j的共享k最近邻（Shared kNN，SkNN）。

如果一些点是两个互k最近邻的共同邻居，这些点就同时与这两个点都相似。因此，如果一些点是在同一个簇中的两个互为MkNN点的SkNN点，它们也就是这个簇的一部分。为了提高CLUB算法的执行效率，在第一步，CLUB算法将两个MkNN点放置到同一个簇，同时也将这两点的SkNN点分配给此簇。

（6）点的密度（Density）

一个数据集中每个点的稀疏程度可以表示为此点到与它最近的k个邻居间的距

离之和。距离和越大，这个点就与它的邻居离得越远，因此，这个点的密度也就越小。给定一个点x与它的k最近邻间的距离$d_1, d_2, \cdots, d_k$，点x的密度被定义为

$$\sigma_x = \frac{k}{\sum_{i=1}^{k} d_i} \tag{3.1}$$

在CLUB算法的第二、第三步中，簇主干的识别和未标记点的分配都依赖于每个点的密度。

3.2.2 CLUB算法聚类过程

算法3-1 CLUB

```
Input: D: a dataset with n data points, and k: the required number of nearest neighbours
Output: C′: a set of clusters
Step 0: Get k nearest neighbours of each point in D
Step 1: Find the initial clusters
C ← ∅
for i=1 to n do
    if x_i has no MkN then
        put x_i into a new cluster c
        Put c into C
    for x_j ∈ N_k(x_i) do
        if x_i ∈ N_k(x_j) then
            if x_i or x_j or one of their SkNNs is already assigned to a cluster then
                put x_i and x_j and their SkNNs into the cluster
            else
                put x_i, x_j, and their SkNNs into a new cluster c
                Put c into C
Step 2: Identify cluster density backbones
C′ ← ∅
for each cluster c ∈ C do
    Calculate density of each point in c
    Sort points according to their densities
    Put the first half of higher-density points to HighDensity
    for each x_m ∈ HighDensity do
        for each x_p ∈ N_2k(x_m) do
            if x_m or x_p is already assigned to a cluster then
                put x_m and x_p into the same cluster
            else
                put x_m and x_p into a new cluster g
                put g into C′
```

Step 3: Assign the remaining unlabelled points

Assign each remaining point to the cluster to which its nearest higher-density-neighbour belongs

Step 4: Detect outliers

for *each cluster* $g \in C'$ **do**
    if *size of* g *is 1* **then**
        label g as outlier
        remove g from C'
    else
        for $x_q \in g$ **do**
            calculate the density-reciprocal, $\frac{1}{\sigma_{x_q}}$
        calculate the standard deviation(std_g), and the mean($mean_g$) of the density-reciprocal for g
        for $x_q \in g$ **do**
            if $\frac{1}{\sigma_{x_q}} \geq mean_g + 3std_g$ **then**
                label x_q as outliers
                remove x_q form g

Output C'

CLUB算法的聚类过程包括以下四步：（1）发现初始簇（Find the initial clusters）；（2）识别簇密度主干（Identify cluster density backbones）；（3）分配剩余的点（Assign the remaining points）；（4）检测异常点（Detect outliers）。算法3-1对CLUB算法 的过程进行了详细描述。其中，前三步的作用是发现初始簇。当产生正确的划分后，第四步负责检测出每个划分内的异常点。

CLUB算法需要一个输入参数，即最近邻的数目——k。第一步从一个未被访问过的点开始，如果这个点有互k最近邻，CLUB算法就把此点、它的互k最近邻以及它们的共享k最近邻聚集到同一个簇中。在这一步产生的簇有可能是由几个小簇组成的。这些小簇内的某些点由于与其他小簇内的点有互k近邻关系而合并在一起了。举例来说，图3-1（a）中的黄色簇和蓝色簇实际上分别由两个更小的簇组成。这就需要在后续任务中继续将这种互连在一起的簇分开。本章称在此步获得的簇为初始簇 （Initial Clusters）。

在第二步，首先根据每个点的密度将每个初始簇中的点进行排序。接着，选择每个簇中密度比较大的前一半点作为聚类目标，簇内的另一半点将在第三步分配给它们相应的簇主干。然后，CLUB算法 将2kNN连接的前一半高密度点聚在一起而形成了簇的主干。正如图3-1（b）所示，CLUB算法将第一步获得的黄色簇和蓝色簇分别划分成了两个小簇。由于这个原因，CLUB算法能够成功地分开相互连接的簇。由于这一步获得的簇结果是通过聚类较高密度点得到的，本章称这些结果为簇的密度主干（Density-backbones）。在这一步发现簇密度主干的好处是CLUB算法能够很容易地发现每个簇结构，也能够克服一些聚类算法把含多个中心点的簇根据多个中心点错误划分地划分成多个子簇的缺点。

第三步，采取与CFDP算法[84]相似的方式，当与未标记的点相比，存在密度更大的点时，就将未标记的点分配给比它密度更大的所有邻居中与它最近的点所在的簇。如图3-1（c）中所示，此步产生了最终的簇划分。然而，一个数据集中可能存在异常点。尽管异常点的存在不影响上述几步的聚类结果，但它们可能会影响后续的数据分析。

在第四步，如同文献[139]中一样的异常点检测方式，CLUB算法将在第三步产生的簇的内部检测出异常点。一个异常点可以被认为是偏离其他观察点较远的点[139]。因此，CLUB算法把密度相对比较小的点当作异常点。基于此目的，CLUB算法首先计算簇内每个点的密度的倒数。然后，获得每个簇内的所有点的密度倒数的均值和标准偏差。在这里，记一个点x_q的密度倒数为$\frac{1}{\sigma_{x_q}}$，记一个簇g的密度倒数的均值为$mean_g$，记一个簇g的密度倒数的标准偏差为std_g。根据在异常点检测中最常用的准则——Pauta准则，如果点x_q能够满足公式（3.2），CLUB算法就认为点x_q是异常点，

$$\frac{1}{\sigma_{x_q}} \geqslant mean_g + 3std_g \tag{3.2}$$

3.2.3 时间复杂度分析

在为簇中心点找k近邻时，本章使用“k-d tree”[150,151]来实现，时间复杂度为$O(n \cdot \log n)$，其中n是数据集D中的数据点个数。CLUB算法的第一步时间花费为$O(k \cdot n)$，k是每个点的最近邻个数，由于$k \ll n$，因此，这一步时间复杂度接近$O(n)$。在CLUB算法的第二步，在根据簇内每个点的密度为这些点排序时，时间复杂度为$O(l \cdot z \cdot \log z)$，其中$l$是在第一步获得的簇数目，$z$是每个初始簇内的平均点数。由于$l \ll z$，排序的时间复杂度为$O(z \cdot \log z)$。发现簇主干时的时间复杂度为$O(k \cdot l \cdot \frac{z}{2})$，通常情况下，$k \ll z$和$l \ll z$，所以时间复杂度可减少到$O(z)$。第三步的时间复杂度为$O(z)$。第四步花费的时间为$O(c \cdot q)$，其中$c$是在第三步获得的最终的簇个数，$q$是每个最终簇中的平均点数，由$c \ll q$，所以，这一步的时间复杂度为$O(q)$。通常，$O(z)$、$O(q)$和$O(n)$的时间复杂度相当。所以，CLUB算法整个过程的时间复杂度为$O(n \cdot \log n)$。

3.3 实验分析

为了评价CLUB算法的有效性，本节在包含了球状簇、任意形状簇、任意规模簇的数据集以及统一密度、不同密度、各种规模的各种类型数据集上对CLUB算法进行了测试。此外，本章还根据数据集的分布讨论了如何选择合适的输入参数k，并验证了CLUB算法在初始簇中发现簇主干时选取前一半密度较高点的合理性。最

后，为了验证CLUB算法的实用性，本节把CLUB算法应用到了Olivetti Face数据集[152]上，对人脸数据进行了聚类。

3.3.1 数据集和比较算法

本章使用了一系列聚类算法作为CLUB算法的比较算法，包括三个经典方法k-Means算法[2]、DBSCAN算法[13]和OPTICS算法[17]，三个新算法BOOL算法[85]、CLASP算法[88]和CFDP算法[84]。CLUB算法是用Python实现的，OPTICS算法、k-Means算法和DBSCAN算法来自“scikit-learn”①，BOOL算法、CLASP算法和CFDP算法的代码由其作者提供。

本节选取了16个数据集作为对CLUB算法进行评价的基准数据集，包括9个二维数据集和7个多维数据集。二维数据集中，Aggregation、Compound、Spiral、Flame、D31、和R15获得于东芬兰大学的网站②；T4和T5获得于“Karypis Lab”网站③；Toy由本书作者生成。这9个二维数据集的规模大小在240和8,000之间，它们可以代表包含各种不同规模、不同形状以及不同密度的簇的数据集，因此，可以代表不同的聚类实例：（1）Aggregation和Flame表示包含任意形状簇的数据集；（2）Compound表示一种很特殊的数据集，它不但包含了任意形状簇，而且在同一个簇内数据点的密度分布也不均；（3）Spiral表示包含特殊形状簇的数据集；（4）Toy表示包含两个中心点的簇的数据集；（5）D31、R15表示包含球状簇的数据集；（6）T4和T5规模较大，代表不含类标签且含异常点的数据集。7个多维数据集④的维数最小为3、最大为40，可以代表任意维数数据集，并且每个数据集都有标准的簇划分。为了量化评价CLUB算法的性能，本节使用ARI和NMI对其所有的聚类结果进行评价。

对每个算法，通过调整它们相应的输入参数来从大量的迭代实验中确定它们的最优聚类结果。表3-1中对每个算法的输入参数的含义做了说明。此外，对于BOOL算法、CLASP算法和k-Means算法，在有真实类标的数据集上，本实验输入了正确的簇个数。对于BOOL算法，合适的参数o是通过多次调整确定的。CLASP算法的参数k和t_{max}根据作者建议设置。对于CFDP算法，密度的设置采用作者提供的代码中的默认设置，即每个点的密度由它到与它最近的百分之二的邻居的平均距离决定；簇中心点是通过手动选择的，簇中心点的个数是真实的簇个数。当CFDP算法生成的决策图上的中心点数不明显或者与正确的簇个数不符时，本实验尽可能地根据真实簇个数选择中心点，选择其中最小距离（Minimum-distance）和密度都相对较大的数据点作为簇的中心点。

① http://scikit-learn.org/stable/index.html

② http://cs.joensuu.fi/sipu/datasets/

③ http://glaros.dtc.umn.edu/gkhome/views/cluto

④ http://archive.ics.uci.edu/ml/datasets.html

表3-1　每个算法的参数描述

算法	参数描述
MulSim (k, m)	k: 距离 $bigger_k$ 的阈值 (the threshold of distance $bigger_k$) m: 聚类时一个点需要的邻居数目 (the number of neighbors of a point)
CFDP(k,m)	k: 最近邻个数 (the number of nearest neighbours) m: 选择的中心点个数 (the number of selected centres)
BOOL(k,l,o)	k: 簇数下限 (lower bound on number of clusters) l: 距离参数 (the distance parameter) o: 异常点参数 (the outlier parameter)
CLASP$(m, k, k_for_Lof, d, t_{\max})$	m: 簇数 (the number of clusters) k: 最近邻个数 (the number of nearest neighbours) k_for_Lof: 根据数据集规模的调整参数 (the adjusting parameter according to the size of dataset) d: 降维标记 (the dimension reducing flag) $t_{\max}$: 位置调节的最大迭代次数 (the maximal number of iterations for position adjusting)
k-Means(k)	k: 簇数 (the number of clusters)
DBSCAN$(\varepsilon, Minpts)$	ε: 每个点的邻域半径 (the radius of a neighbourhood for each point) $MinPts$: 在邻域 ε 内的最小点数 (the at least $MinPts$ within the ε-neighbourhood of the points)
OPTICS(k)	k: 最近邻个数 (the number of nearest neighbours)

3.3.2　聚类二维数据集

图3-2、图3-3、图3-4、图3-5、图3-6和图3-7分别显示了7个算法在9个二维数据集上的聚类结果，其中括号中显示的是各个算法在每个数据集上相应的参数。对于CLUB算法，方括号中显示的是k值的范围。表3-2中列出了相应的ARI和NMI。由于T4和T5没有真实类标，所以这两个数据集没有出现在表3-2中。

表3-2　CLUB算法与对比算法在7个二维数据集上的聚类结果的量化比较

Algorithm	Aggregation		Compound		Flame		R15		Spiral		Toy	
	ARI	NMI	ARI	NMI	ARI	NMI	ARI	NMI	ARI	NMI	ARI	NMI
MulSim	0.9956	0.9924	**0.9690**	**0.9423**	0.9609	0.9208	0.9837	0.9861	**1.0000**	**1.0000**	**1.0000**	**1.0000**
BOOL	0.9299	0.9138	0.8419	0.7779	0.0178	0.0638	0.8997	0.9557	0.4135	0.6834	0.2684	0.4171
CLASP	0.8580	0.9216	0.8173	0.8237	-0.0413	0.0816	0.6388	0.8542	0.0332	0.0773	1.0000	1.0000
k-Means	0.7588	0.8778	0.5364	0.7195	0.4112	0.3941	**0.9928**	**0.9942**	-0.0058	0.0005	-0.0006	0.0003
DBSCAN	0.8539	0.8690	0.9078	0.7804	0.8574	0.7712	0.9160	0.9424	**1.0000**	**1.0000**	**1.0000**	**1.0000**
CFDP	**1.0000**	**1.0000**	0.5922	0.7997	**0.9881**	**0.9710**	**0.9928**	**0.9942**	**1.0000**	**1.0000**	-0.0008	0.0001
OPTICS	0.9938	0.9843	0.9232	0.8131	0.8962	0.8051	0.9600	0.9693	0.3075	0.5374	0.9508	0.8135

（1）任意密度数据集

图3-2描述了聚类算法在任意密度的数据集——Compound上的聚类结果。图3-2（a）所示的是其真实簇结构，其左上角的两个簇表示同一簇内数据点的密度不均匀的情形；右边的两个簇表示在同一个数据集内不同的簇中密度不同的情形；左

下角外边的簇表示在簇内没有清晰的中心点的情形。因此，如在第四章所述，对这个数据集进行聚类极其具有挑战性。从图3-2（a）中可以看出，CLUB算法非常完美地识别出了这些簇，而BOOL算法、DBSCAN算法与OPTICS算法在遭遇不同密度的情形时聚类效果并不理想，CLASP算法、k-Means算法和CFDP算法由于不能正确地识别出簇的中心点而没能取得理想的聚类结果。

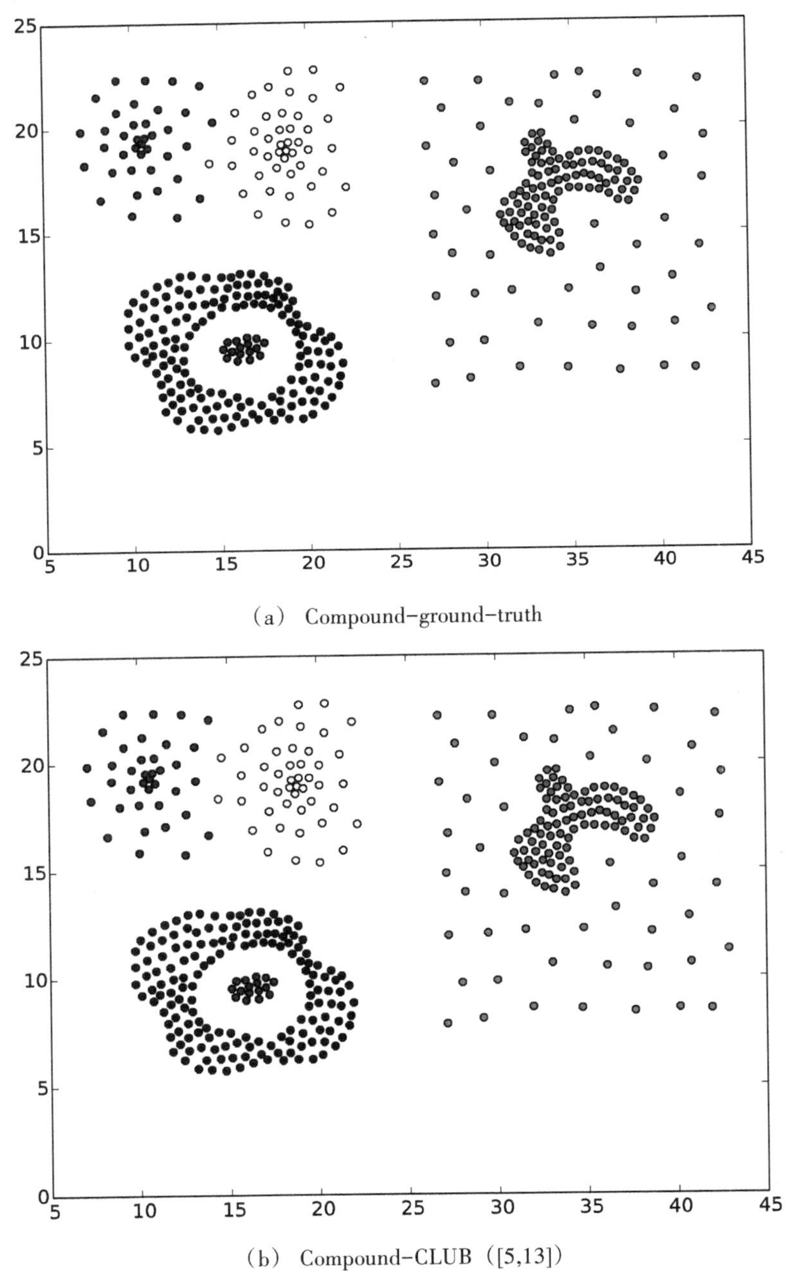

（a） Compound-ground-truth

（b） Compound-CLUB（[5,13]）

图3-2　CLUB算法与对比算法在任意密度数据集上的聚类结果

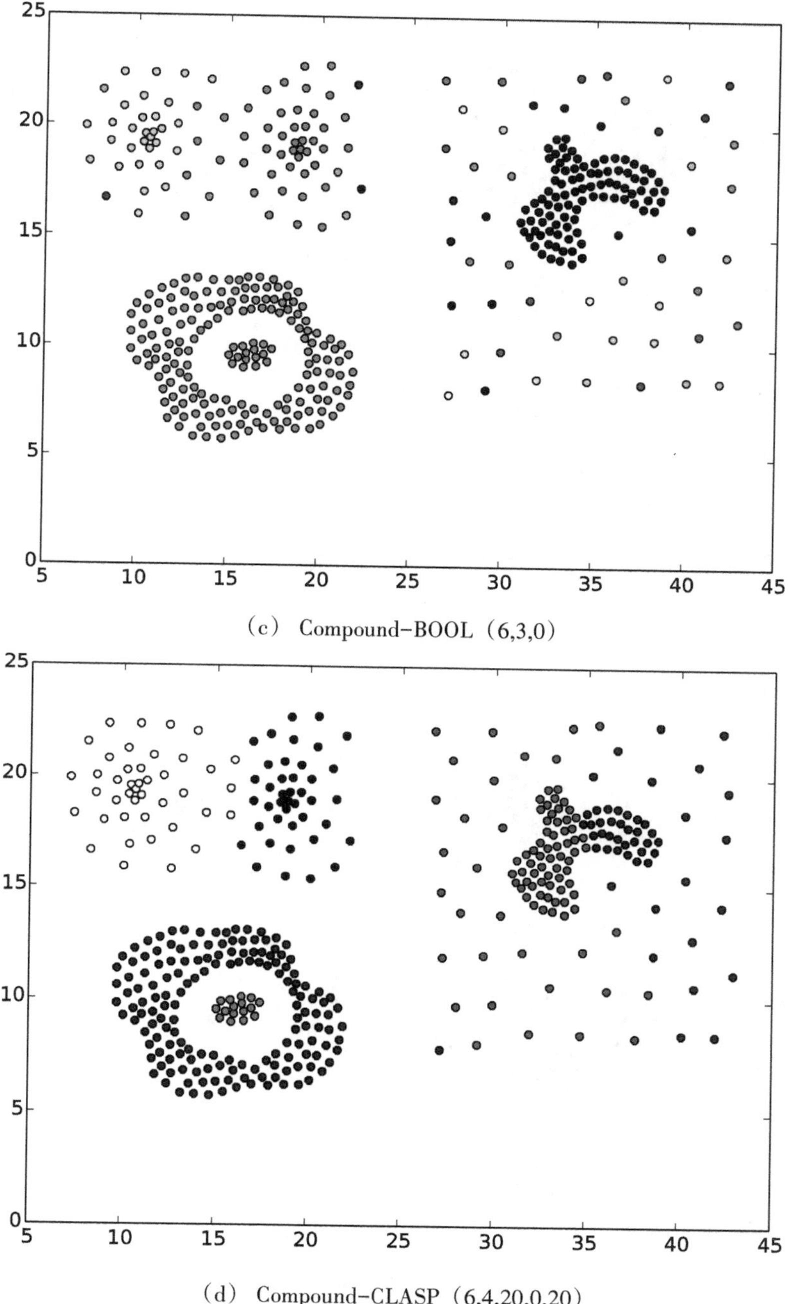

（c） Compound-BOOL（6,3,0）

（d） Compound-CLASP（6,4,20,0,20）

续图 3-2　CLUB 算法与对比算法在任意密度数据集上的聚类结果

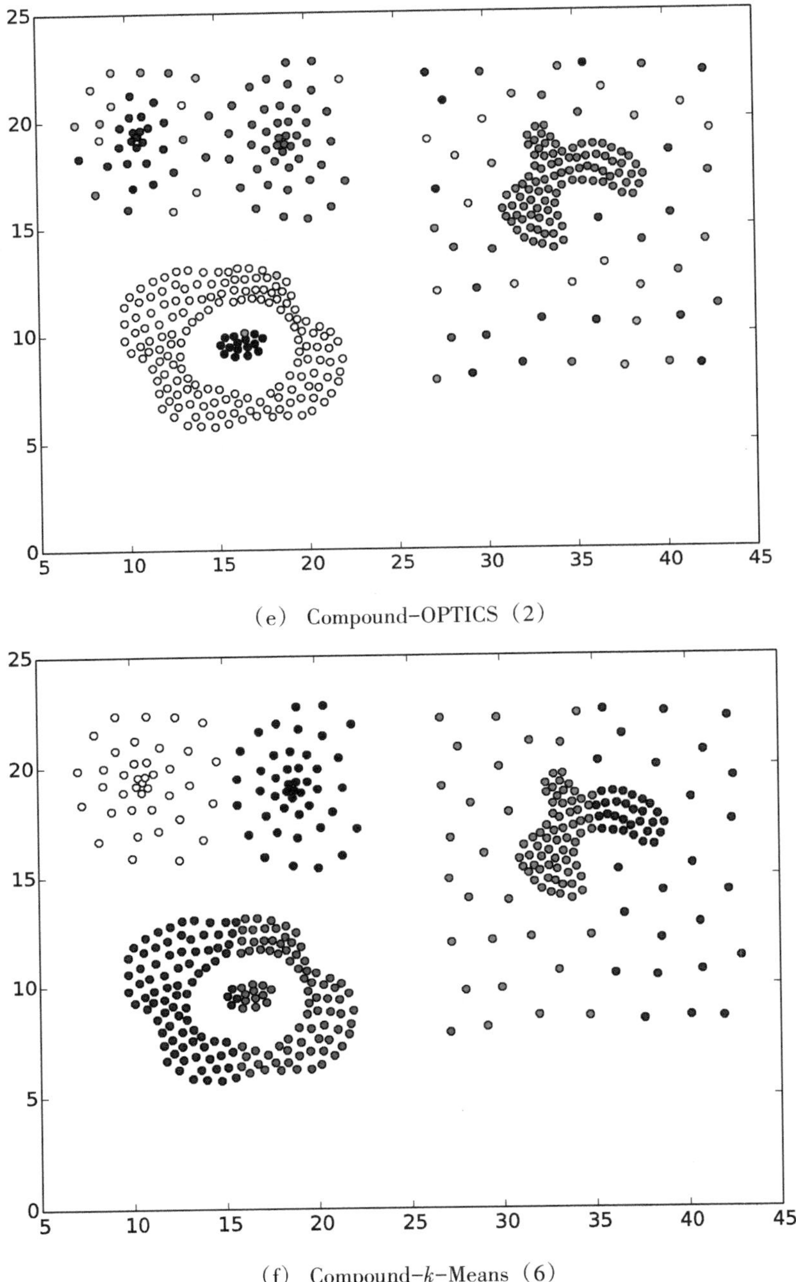

(e) Compound-OPTICS (2)

(f) Compound-k-Means (6)

续图 3-2 CLUB 算法与对比算法在任意密度数据集上的聚类结果

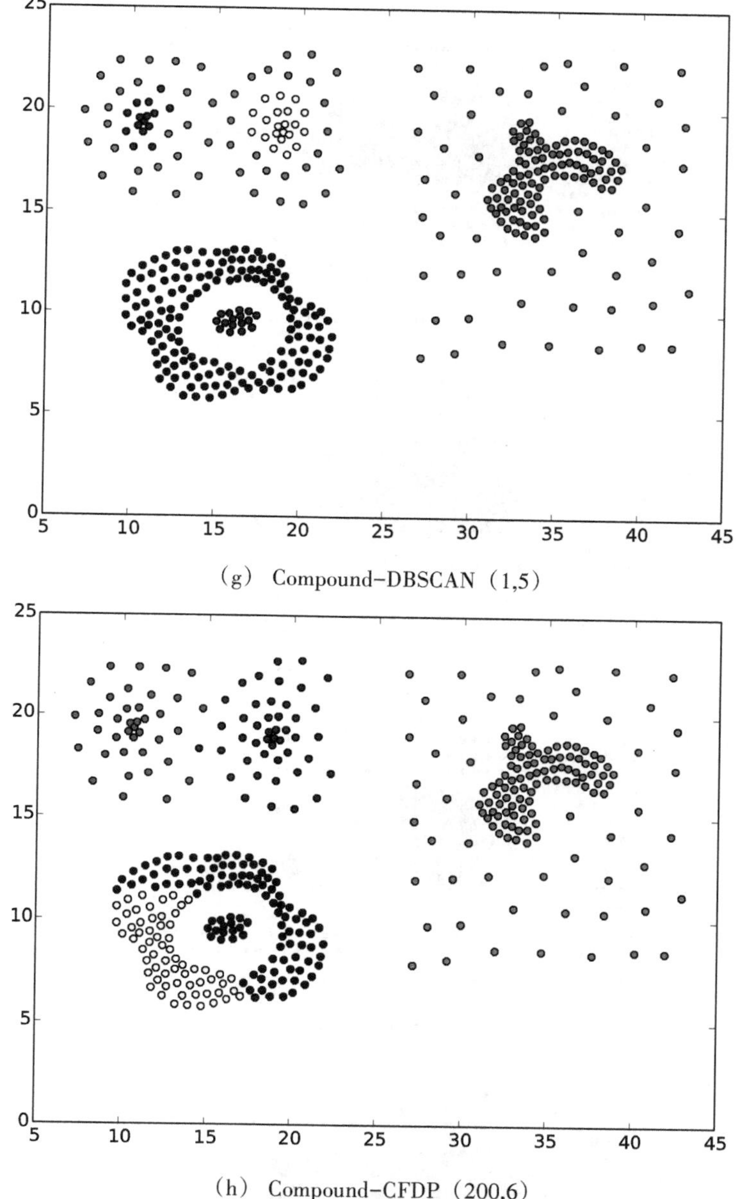

(g) Compound-DBSCAN (1,5)

(h) Compound-CFDP (200,6)

续图3-2 CLUB算法与对比算法在任意密度数据集上的聚类结果

(2) 包含多中心点簇的数据集

图3-3展示了在数据集Toy上的聚类结果。从图3-3 (a) 可以看出，中间的簇包含了左、右两个中心点。CLUB算法、DBSCAN算法和CLASP算法得到了理想的聚类结果，OPTICS算法识别出了基本正确的簇形状，而k-Means算法和CFDP算法根据两个中心点把中间的簇划分成了两个小簇，BOOL算法完全错误地划分了这个数据集。

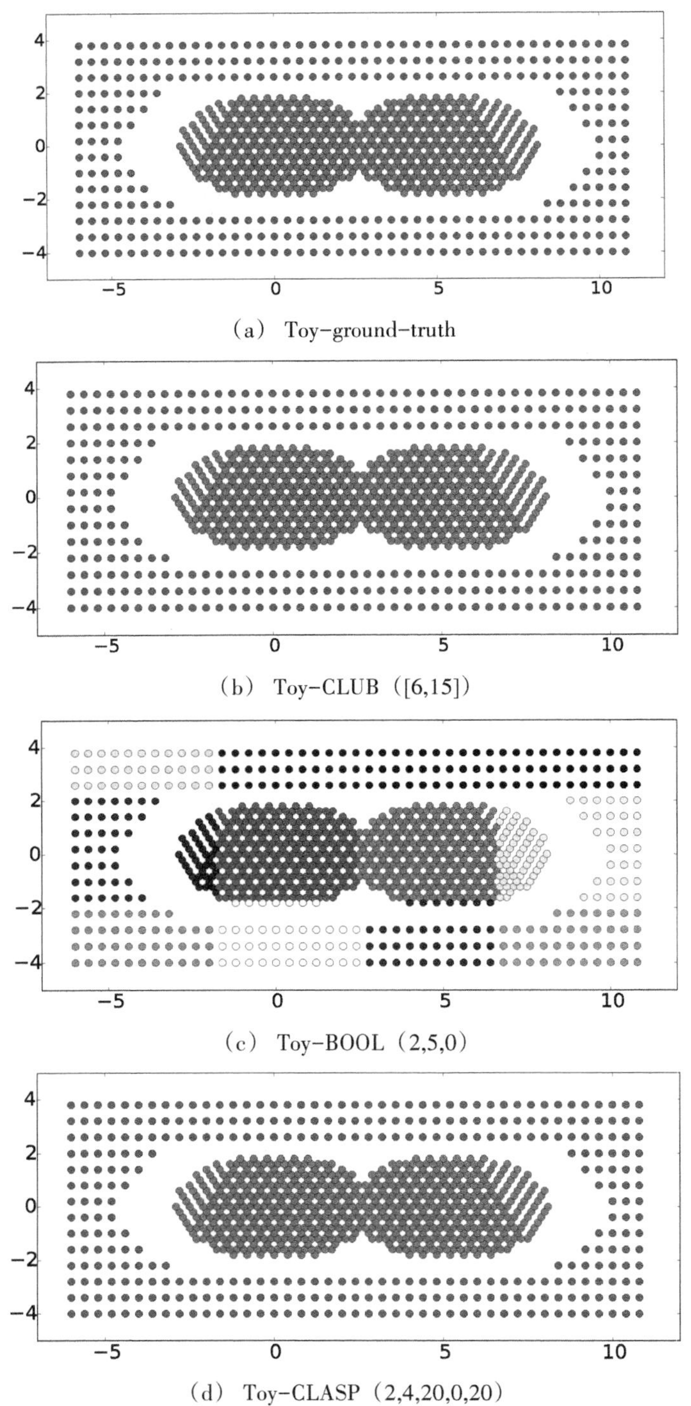

（a） Toy-ground-truth

（b） Toy-CLUB（[6,15]）

（c） Toy-BOOL（2,5,0）

（d） Toy-CLASP（2,4,20,0,20）

图3-3　CLUB算法与对比算法在包含多中心点簇的数据集上的聚类结果

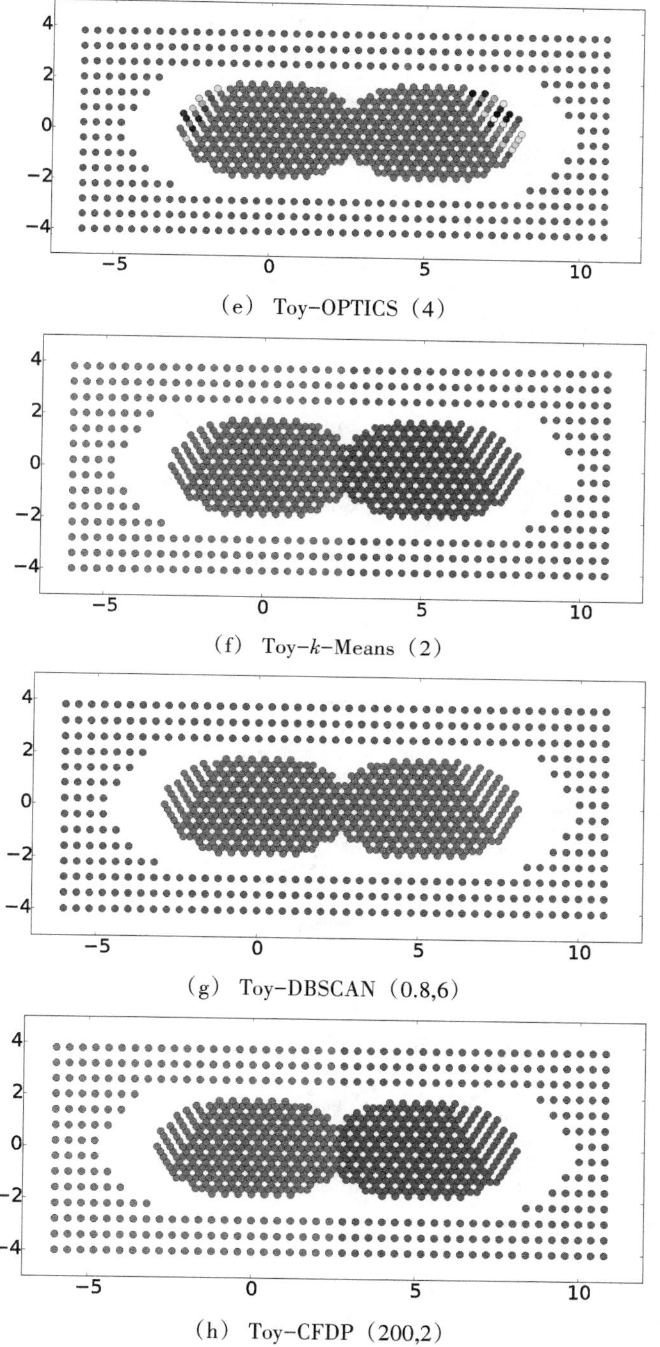

续图3-3　CLUB算法与对比算法在包含多中心点簇的数据集上的聚类结果

(3) 包含螺旋形状的簇的数据集

从图3-4 (a) 中可以看出，数据集Spiral包含了三个螺旋形状的簇。图3-4分别展示了几个算法在Spiral上的聚类结果，CLUB算法、DBSCAN算法和CFDP算法获得了正确的簇划分；k-Means算法把数据集错误地划分成了三个球状簇；OPTICS算法将大多数点当成了异常点；CLASP算法也错误地划分了这个数据集。

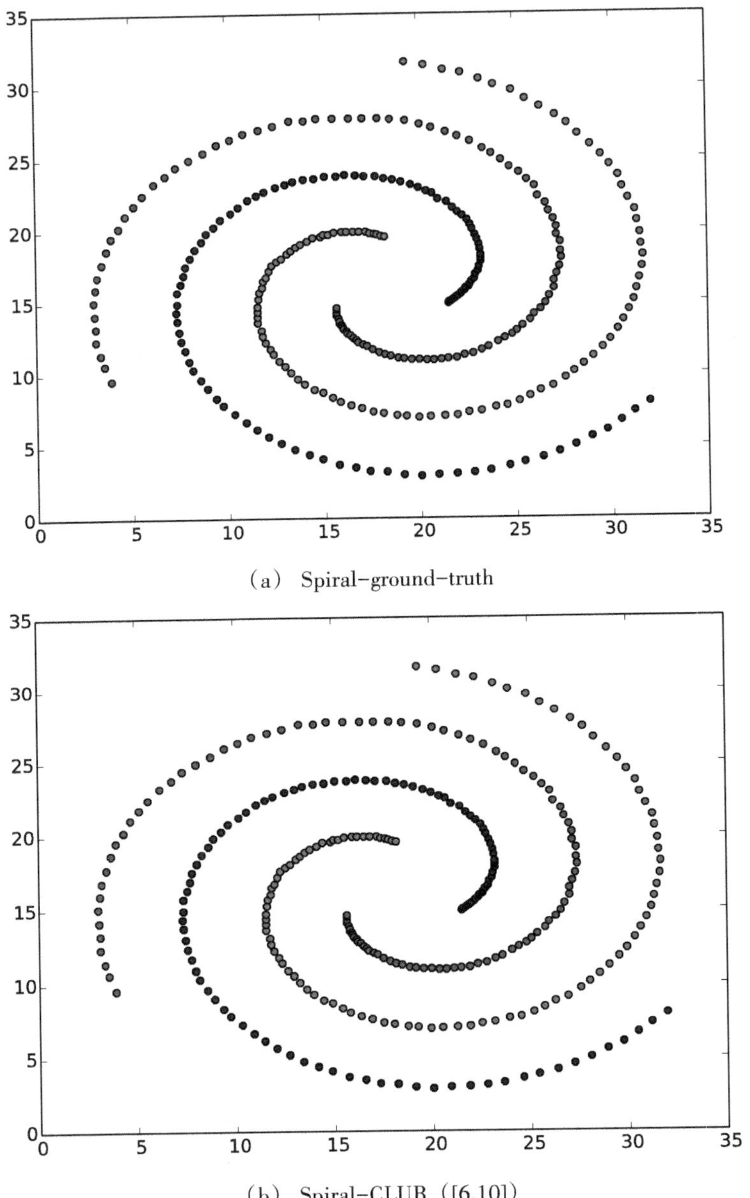

（a） Spiral-ground-truth

（b） Spiral-CLUB（[6,10]）

图3-4　CLUB算法与对比算法在包含螺旋形簇的数据集上的聚类结果

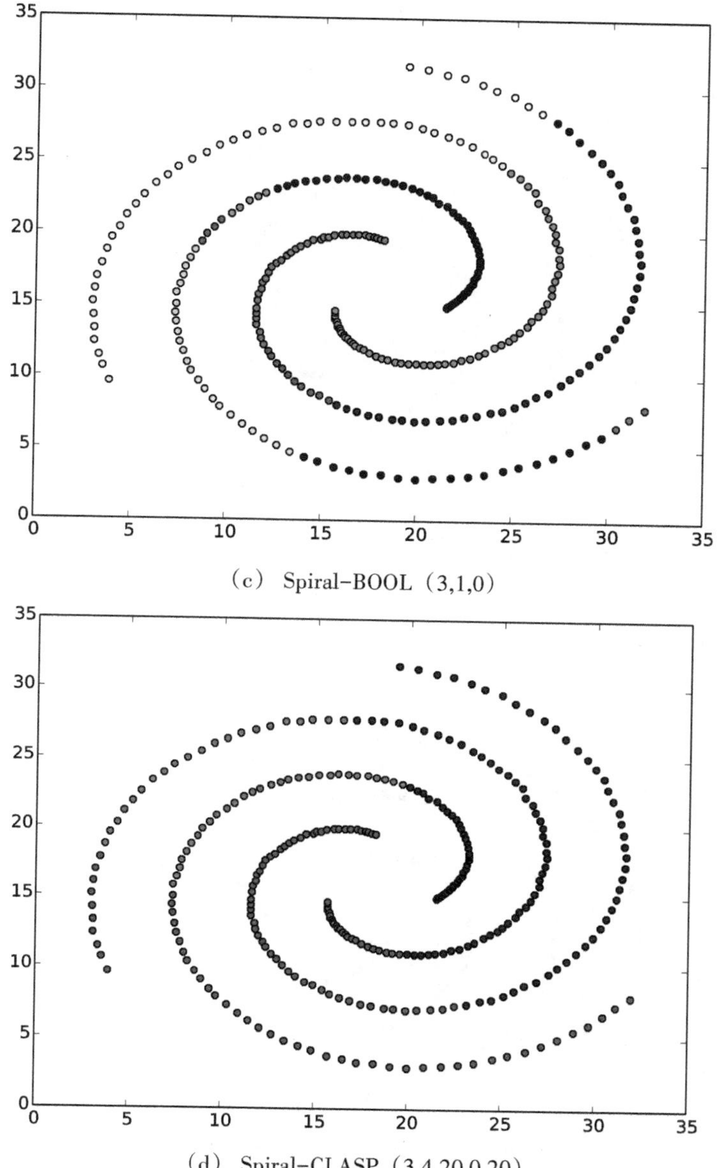

（c） Spiral-BOOL（3,1,0）

（d） Spiral-CLASP（3,4,20,0,20）

续图3-4 CLUB算法与对比算法在包含螺旋形簇的数据集上的聚类结果

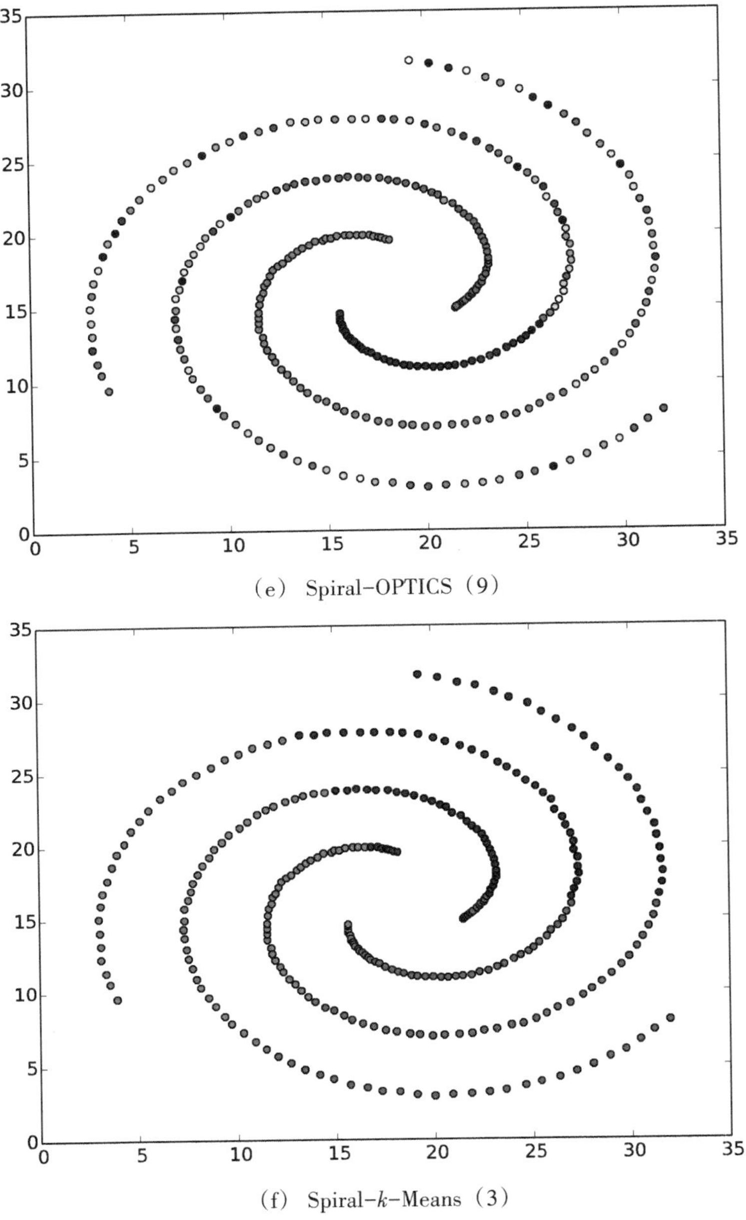

(e) Spiral-OPTICS (9)

(f) Spiral-k-Means (3)

续图3-4 CLUB算法与对比算法在包含螺旋形簇的数据集上的聚类结果

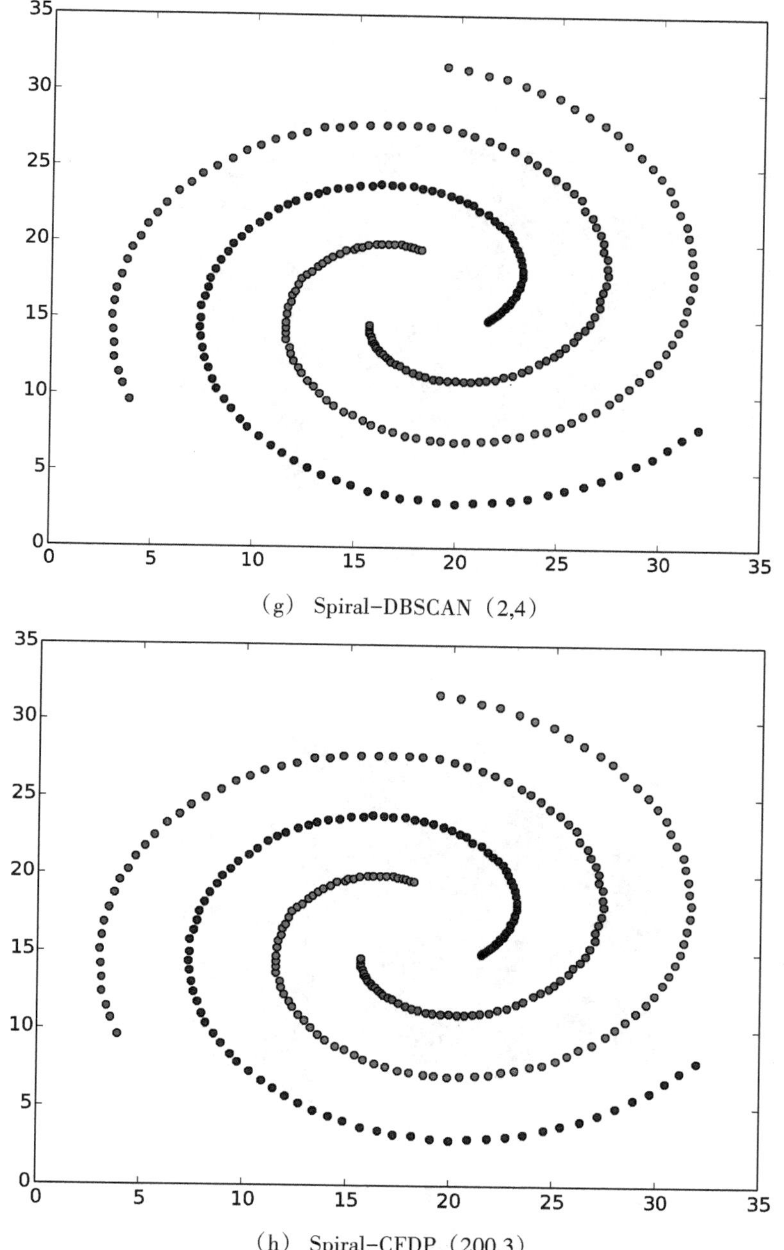

（g） Spiral-DBSCAN（2,4）

（h） Spiral-CFDP（200,3）

续图3-4　CLUB算法与对比算法在包含螺旋形簇的数据集上的聚类结果

（4）包含球状簇的数据集

图3-5（a）和图3-5（i）分别显示了D31和R15的真实簇结构，这两个数据集中的簇都是球状簇，但D31中的簇间连接处的数据点分布较R15的紧凑。图3-5展示了CLUB算法及6个对比算法在数据集D31和R15上的聚类结果。

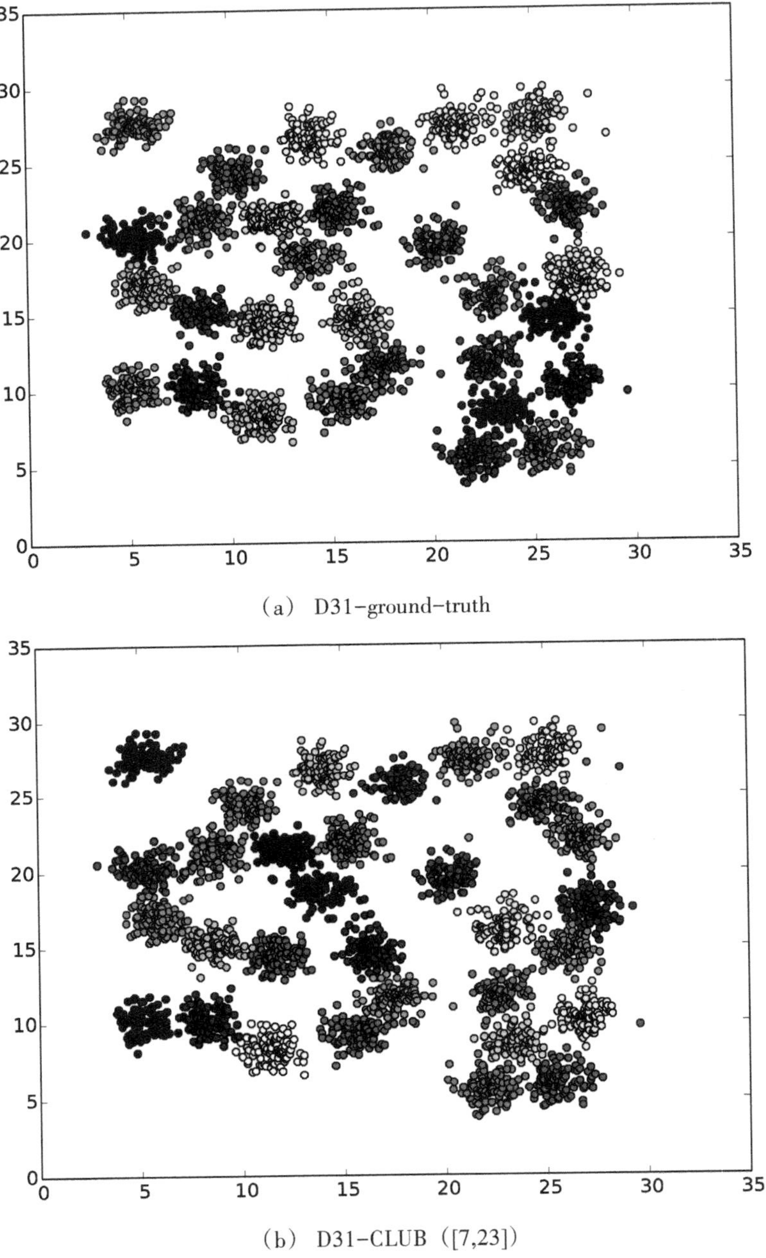

（a） D31-ground-truth

（b） D31-CLUB（[7,23]）

图3-5 CLUB算法与对比算法在两个包含球状簇的数据集上的聚类结果

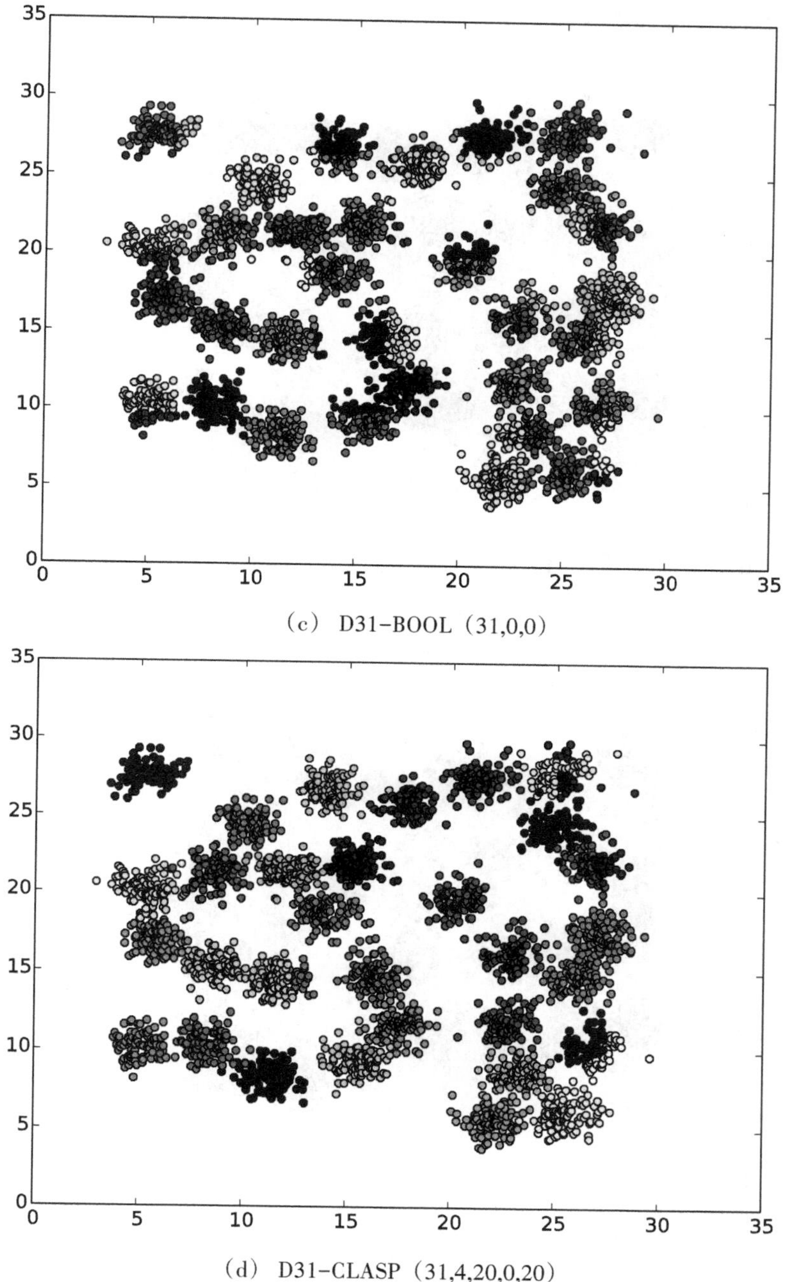

（c） D31-BOOL（31,0,0）

（d） D31-CLASP（31,4,20,0,20）

续图3-5　CLUB算法与对比算法在两个包含球状簇的数据集上的聚类结果

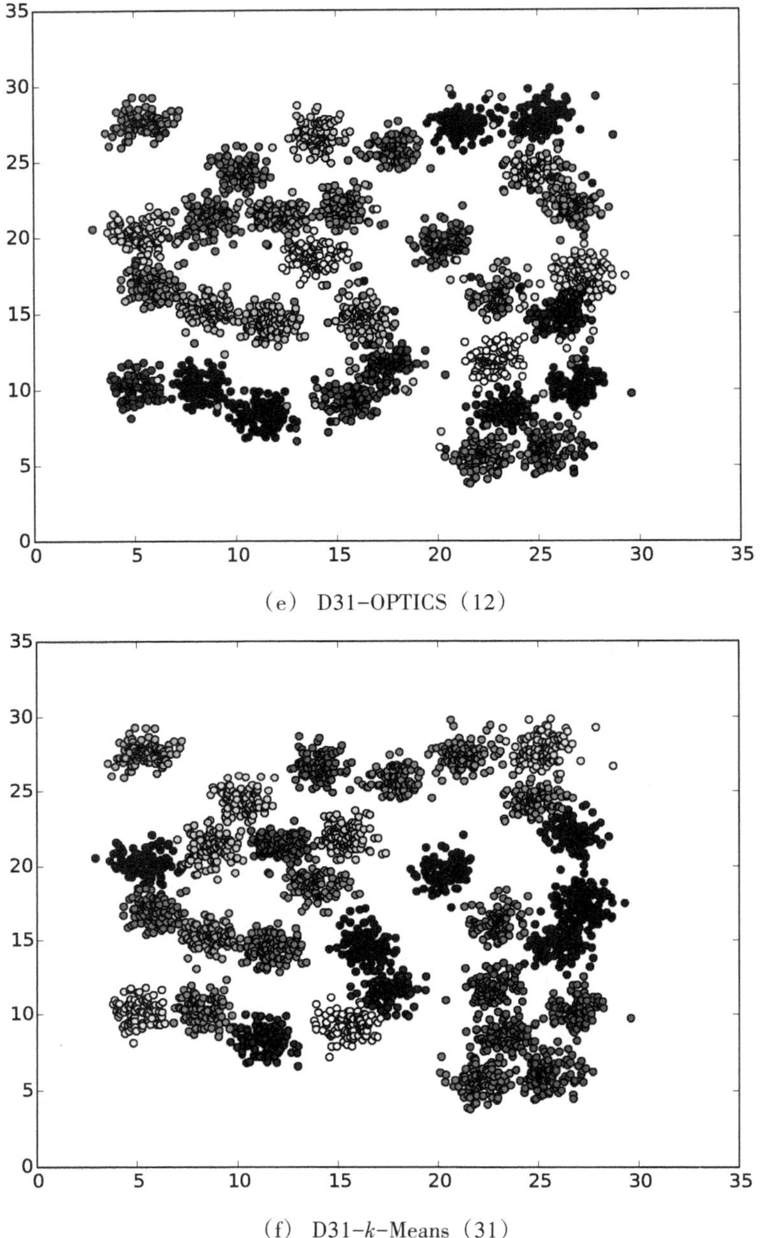

（e） D31-OPTICS（12）

（f） D31-k-Means（31）

续图3-5　CLUB算法与对比算法在两个包含球状簇的数据集上的聚类结果

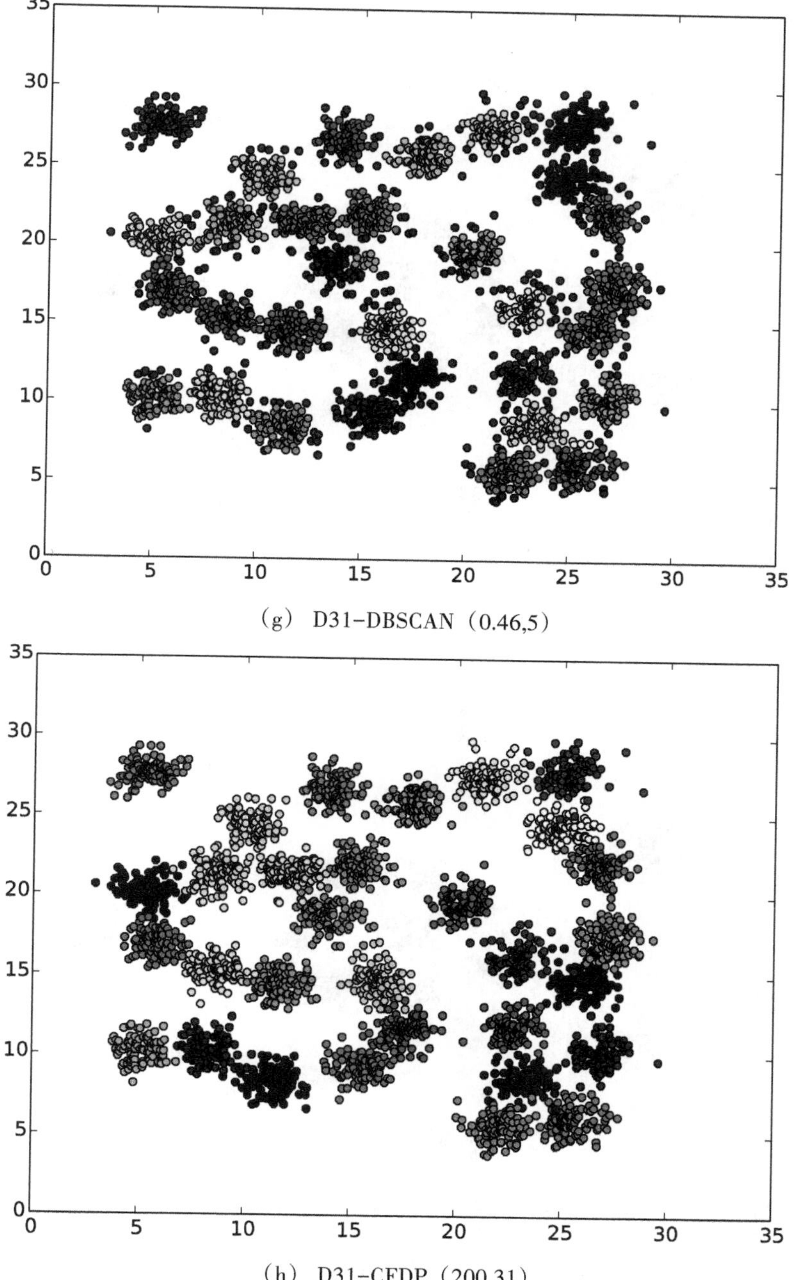

（g） D31-DBSCAN（0.46,5）

（h） D31-CFDP（200,31）

续图3-5 CLUB算法与对比算法在两个包含球状簇的数据集上的聚类结果

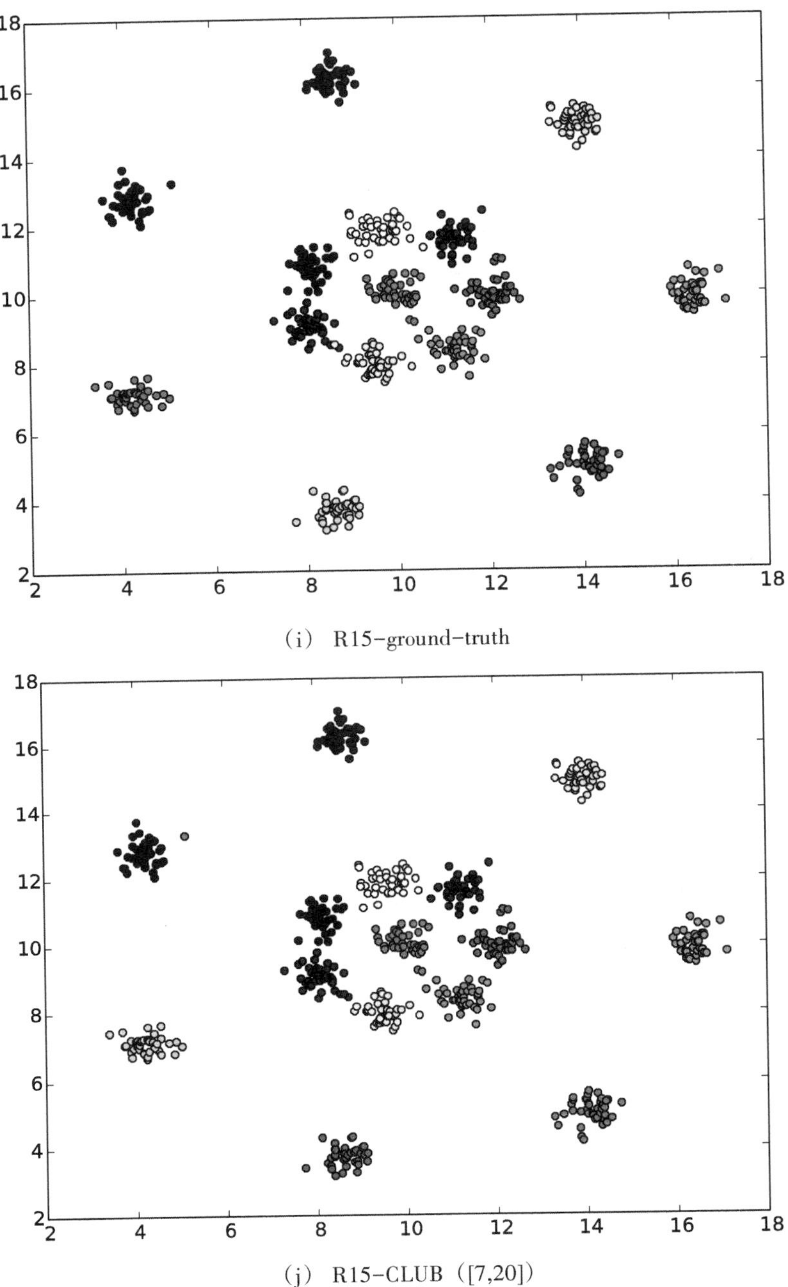

(i) R15-ground-truth

(j) R15-CLUB([7,20])

续图3-5　CLUB算法与对比算法在两个包含球状簇的数据集上的聚类结果

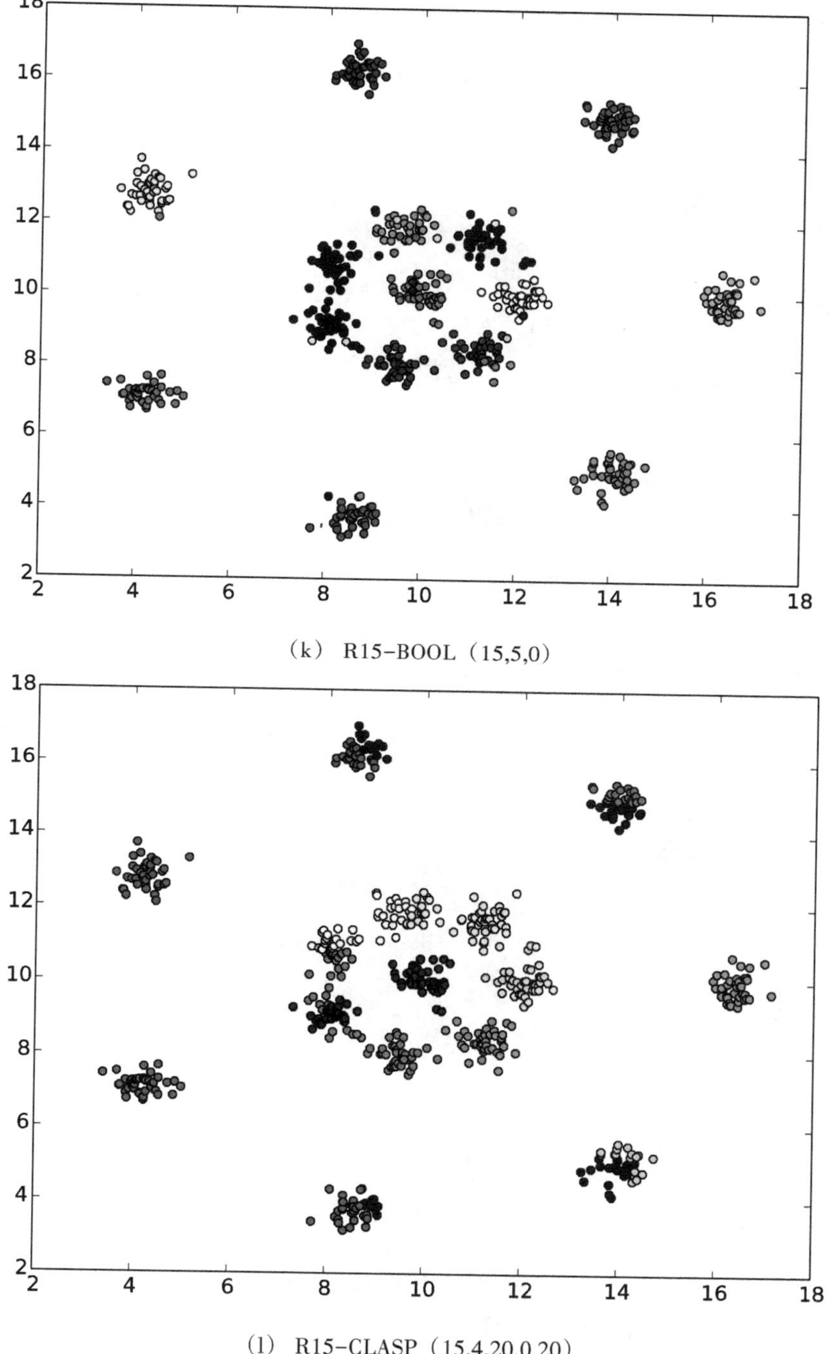

(k) R15-BOOL (15,5,0)

(l) R15-CLASP (15,4,20,0,20)

续图3-5 CLUB算法与对比算法在两个包含球状簇的数据集上的聚类结果

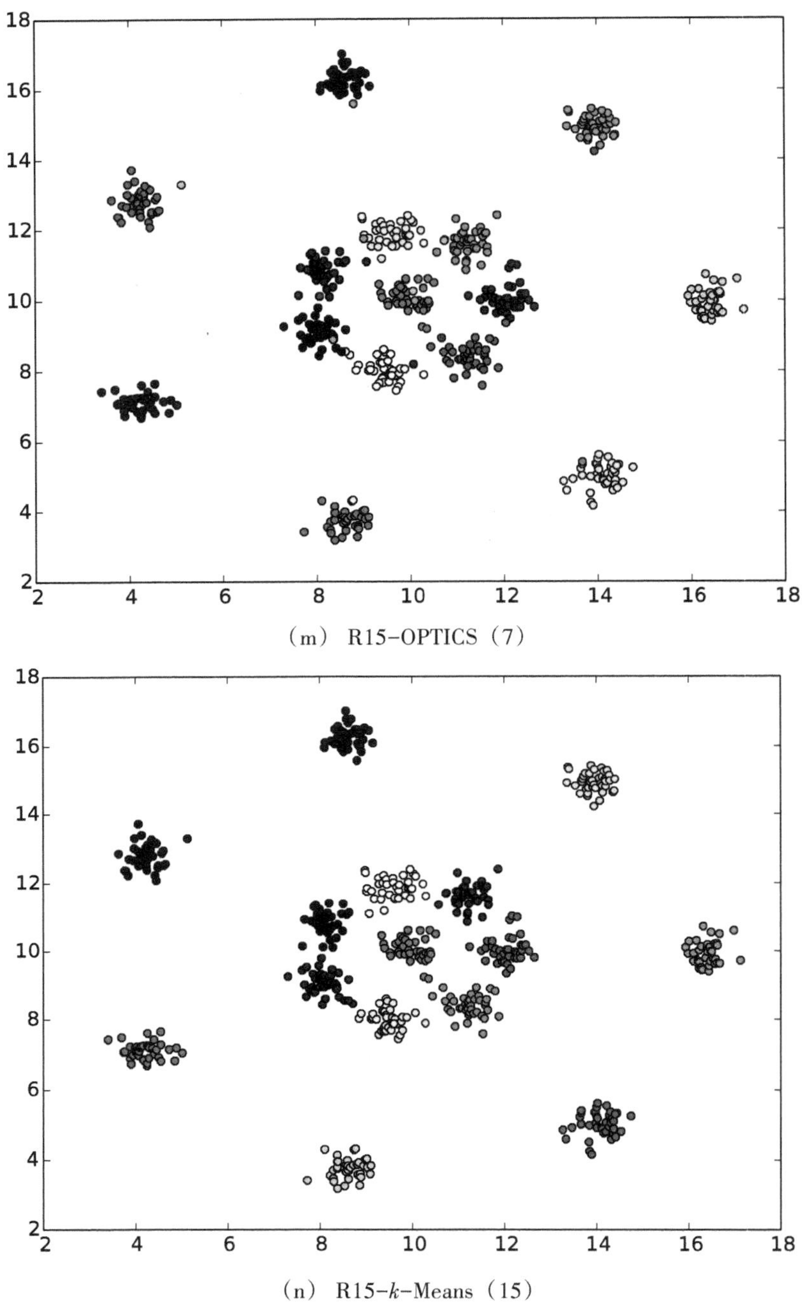

（m） R15-OPTICS（7）

（n） R15-k-Means（15）

续图3-5　CLUB算法与对比算法在两个包含球状簇的数据集上的聚类结果

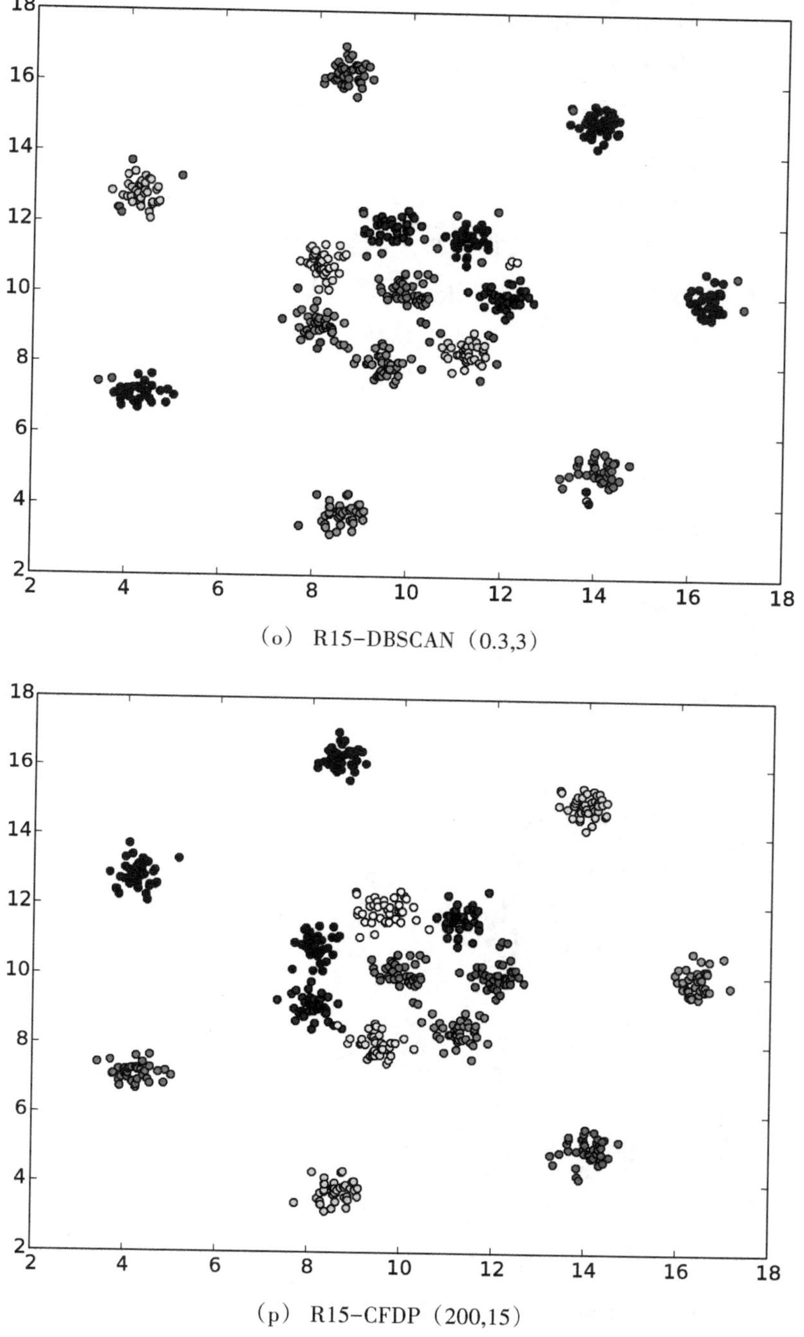

（o） R15-DBSCAN（0.3,3）

（p） R15-CFDP（200,15）

续图3-5 CLUB算法与对比算法在两个包含球状簇的数据集上的聚类结果

在D31上的聚类结果分别呈现于图3-5（b）—3-5（h）中。从图中可以看出，CLUB算法、k-Means算法和CFDP算法获得了正确形状的簇，同时参照表3-1中的量化结果可以得出，k-Means算法获得了最高的ARI和NMI，CLUB算法的ARI和

NMI位于第二，CFDP算法的ARI和NMI均名列第三。而DBSCAN算法和OPTICS算法只能将位于每个簇中间部分的分布比较密集的数据点划分在一起，而将周围的点错误地当成了异常点。在31个簇中，CLASP算法产生了4个错误的簇。BOOL算法获得了最差的聚类结果。

图3-5（j）—3-5（p）显示了7个算法在数据集R15上的聚类结果。CLUB算法、CFDP算法和k-Means算法获得了很好的簇结构。OPTICS算法也有相对较好的聚类结果。BOOL算法和DBSCAN算法除了将一些正常的点识别为异常点之外，基本能够正确地识别出簇的结构。CLASP算法在15个簇中只识别出了7个簇。结合表3-1中的量化结果可以看出，CFDP算法和k-Means算法获得了最高的ARI和NMI，尽管CLUB算法的ARI和NMI排名第二，但其与前两者的ARI和NMI的差别非常小。

因此，一般情况下，CLUB算法、k-Means算法和CFDP算法都能够有效地识别出球状簇。

（5）密度统一的数据集

图3-6上分别显示了几个算法在两个密度统一的数据集上的聚类结果。

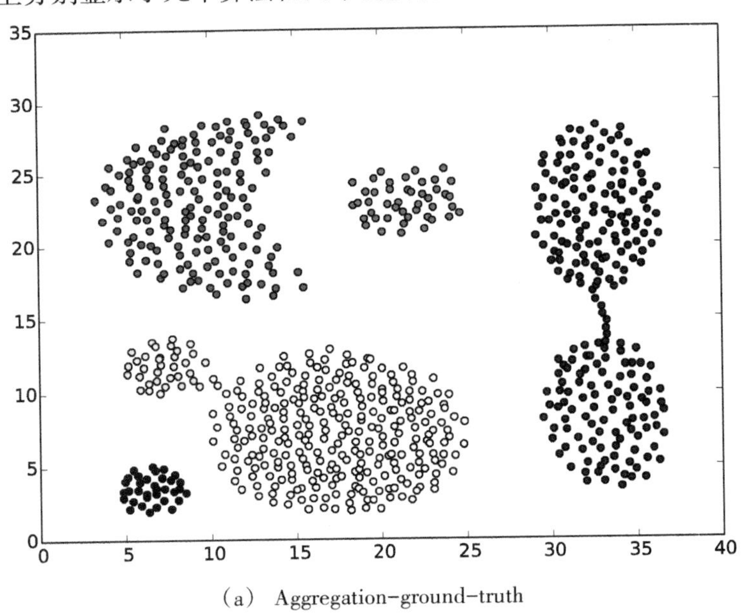

（a） Aggregation-ground-truth

图3-6 CLUB算法与对比算法在两个密度统一的数据集上的聚类结果

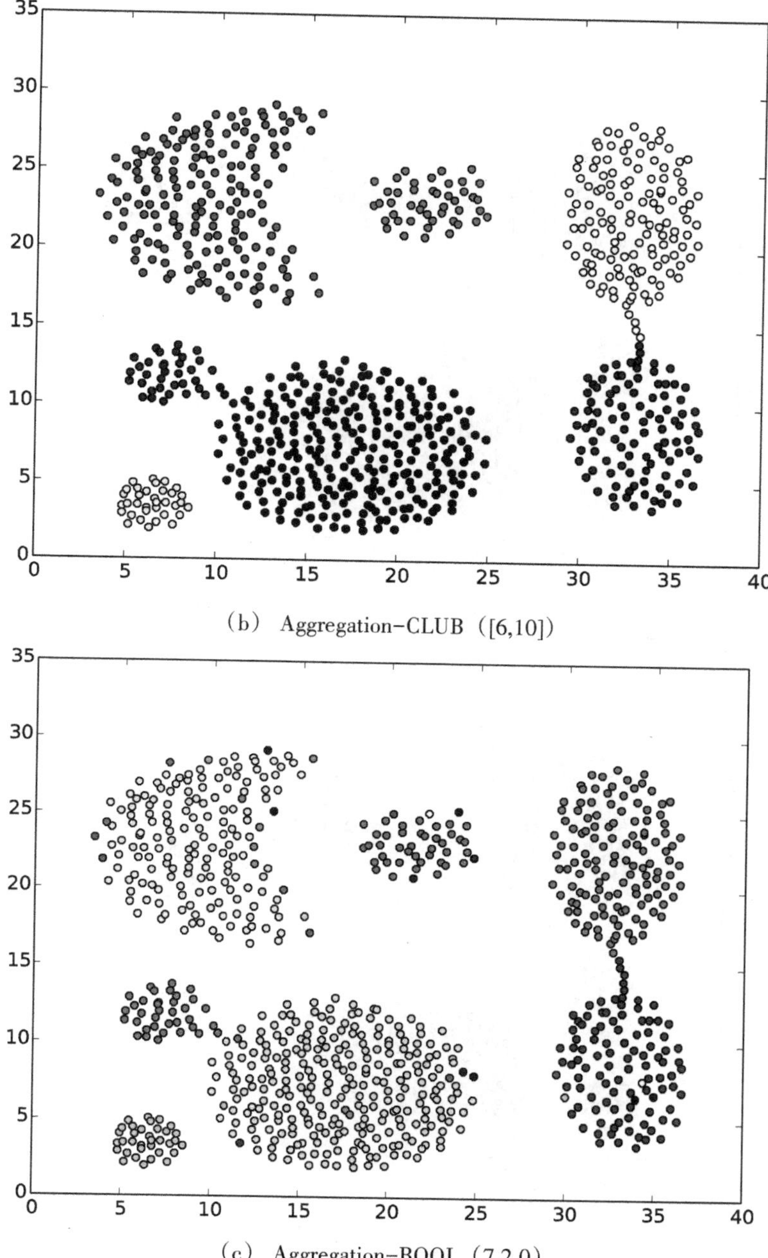

（b） Aggregation-CLUB（[6,10]）

（c） Aggregation-BOOL（7,2,0）

续图3-6　CLUB算法与对比算法在两个密度统一的数据集上的聚类结果

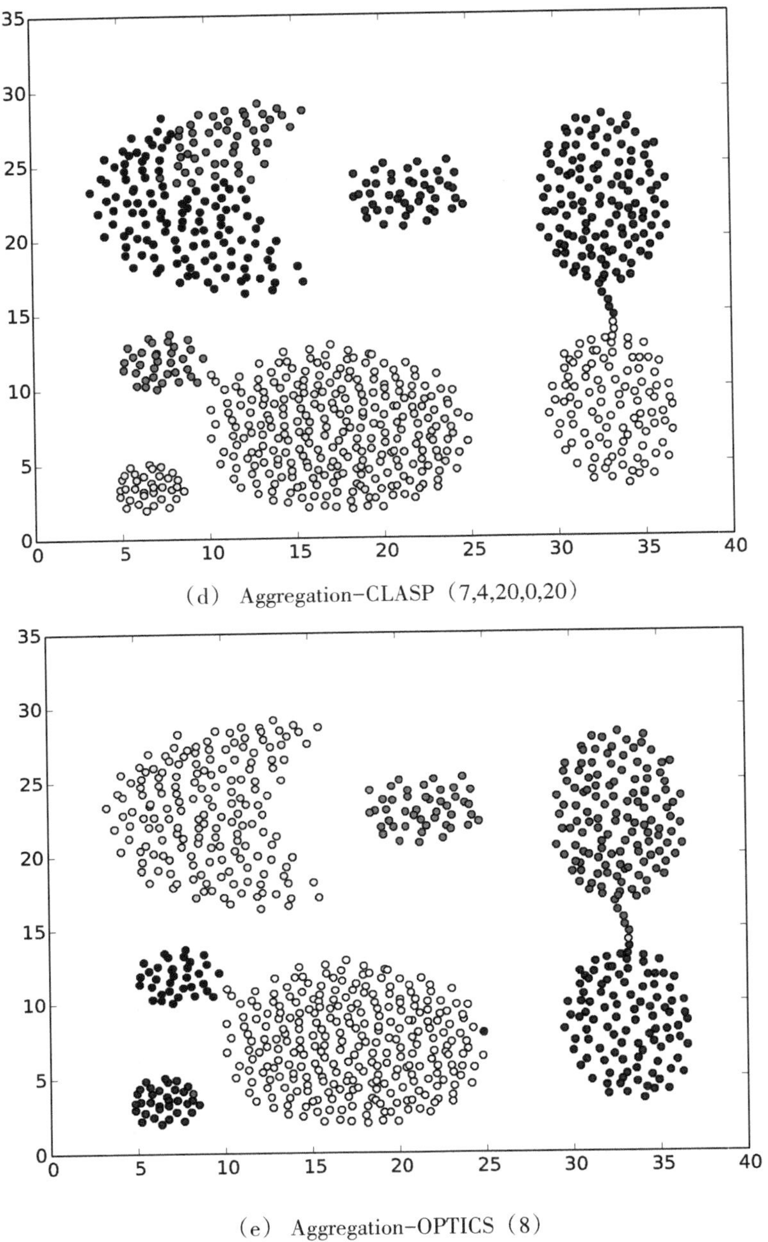

(d) Aggregation-CLASP (7,4,20,0,20)

(e) Aggregation-OPTICS (8)

续图3-6 CLUB算法与对比算法在两个密度统一的数据集上的聚类结果

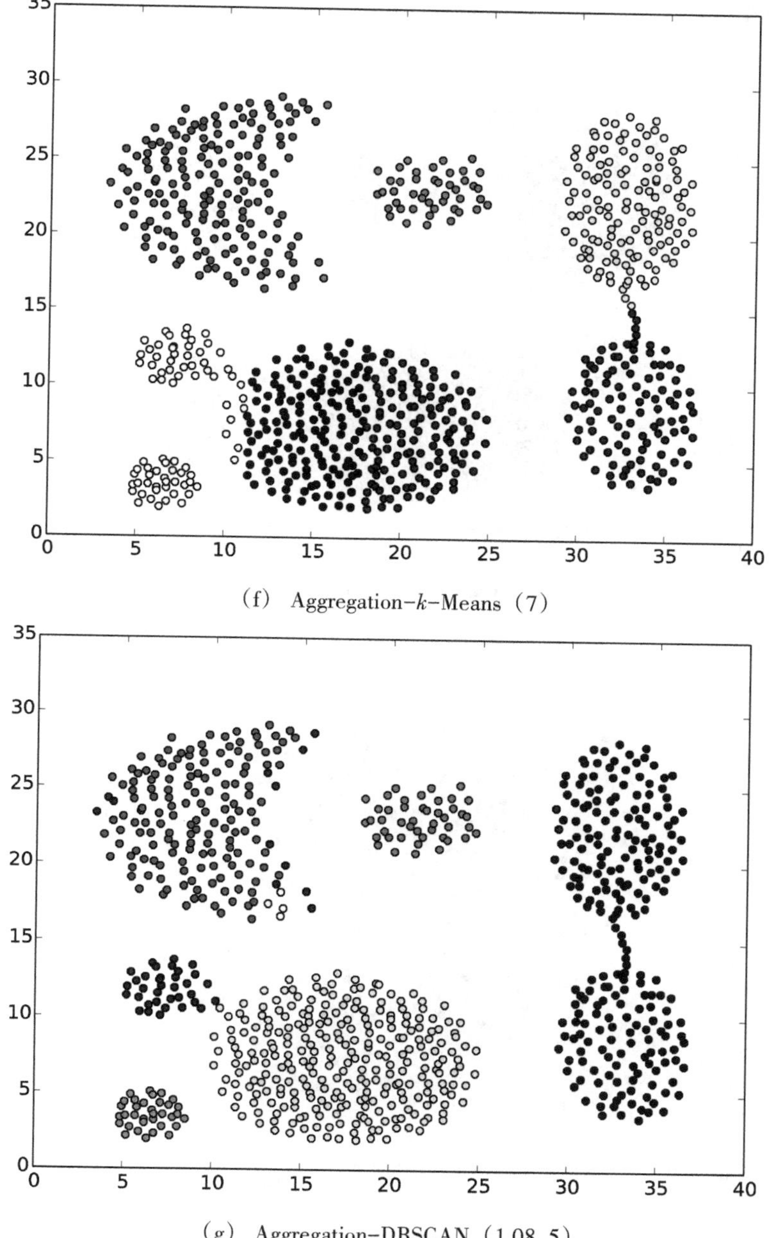

(f) Aggregation-k-Means (7)

(g) Aggregation-DBSCAN (1.08, 5)

续图3-6 CLUB算法与对比算法在两个密度统一的数据集上的聚类结果

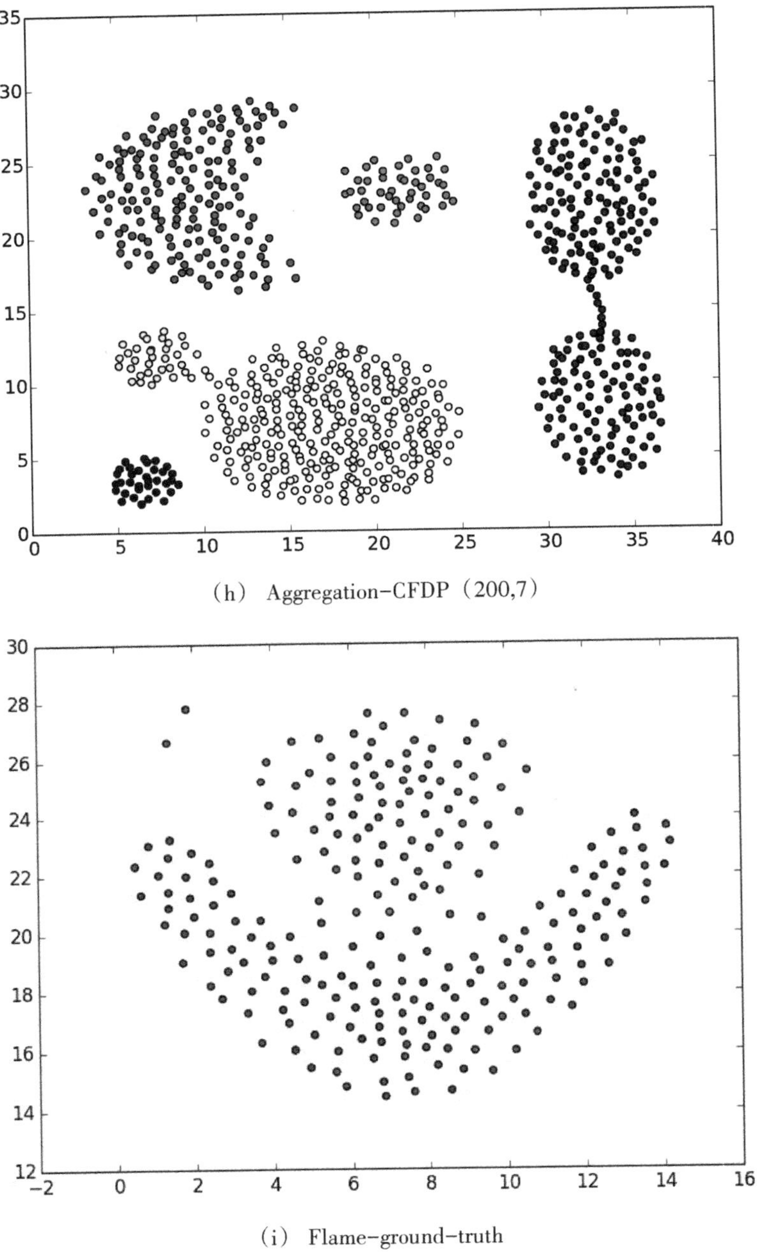

（h） Aggregation-CFDP（200,7）

（i） Flame-ground-truth

续图3-6 CLUB算法与对比算法在两个密度统一的数据集上的聚类结果

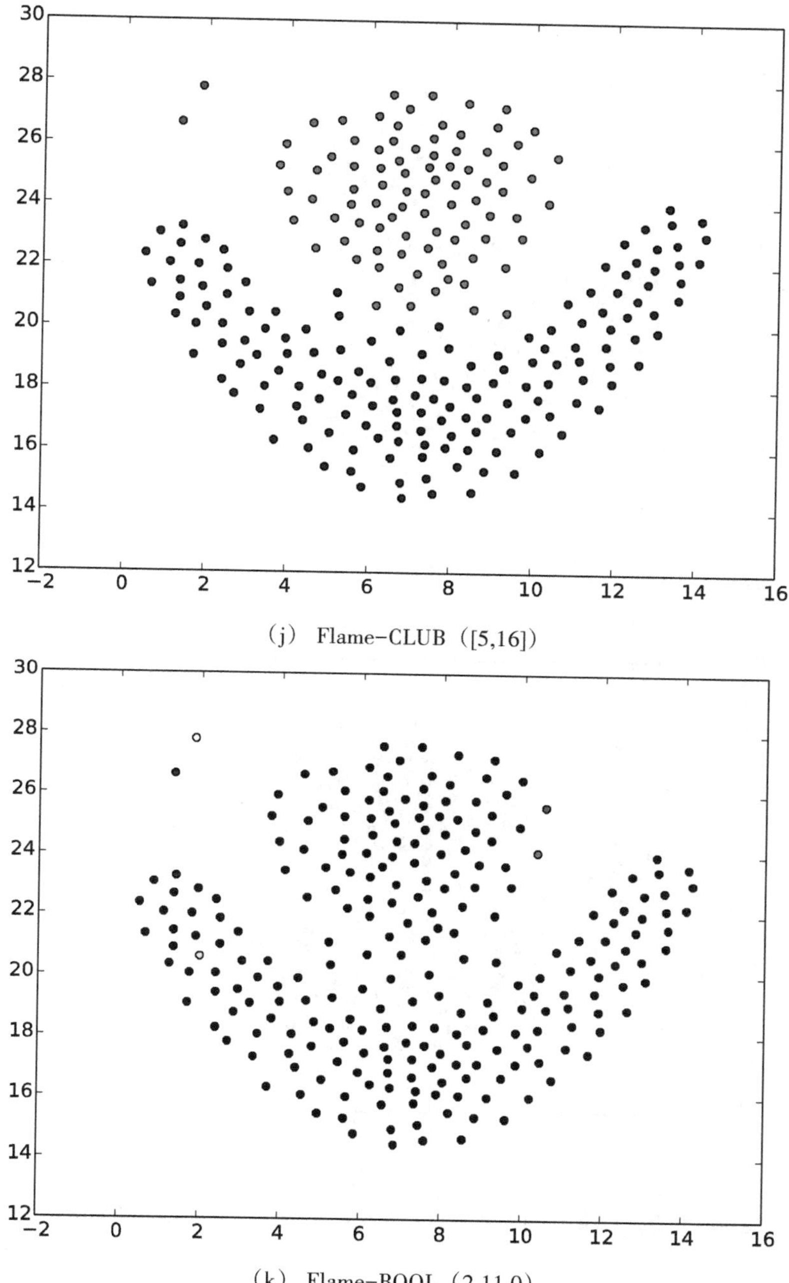

(j) Flame-CLUB ([5,16])

(k) Flame-BOOL (2,11,0)

续图3-6 CLUB算法与对比算法在两个密度统一的数据集上的聚类结果

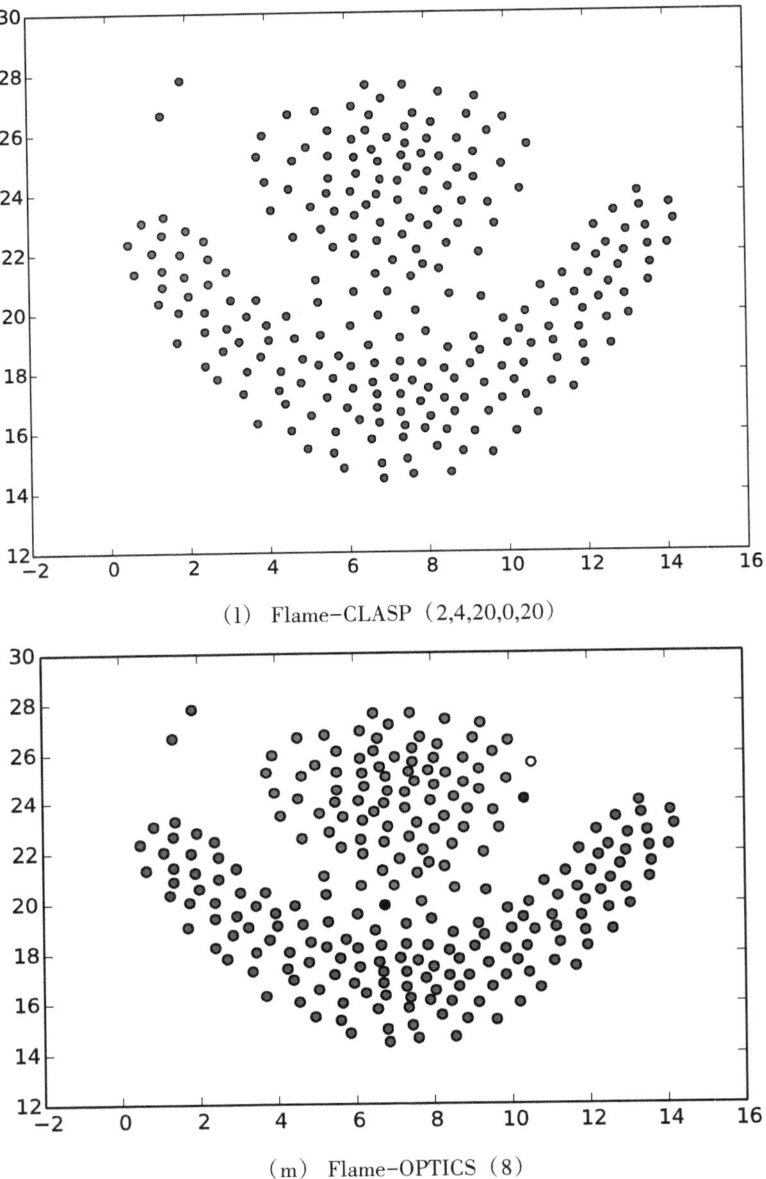

（l） Flame-CLASP（2,4,20,0,20）

（m） Flame-OPTICS（8）

续图3-6 CLUB算法与对比算法在两个密度统一的数据集上的聚类结果

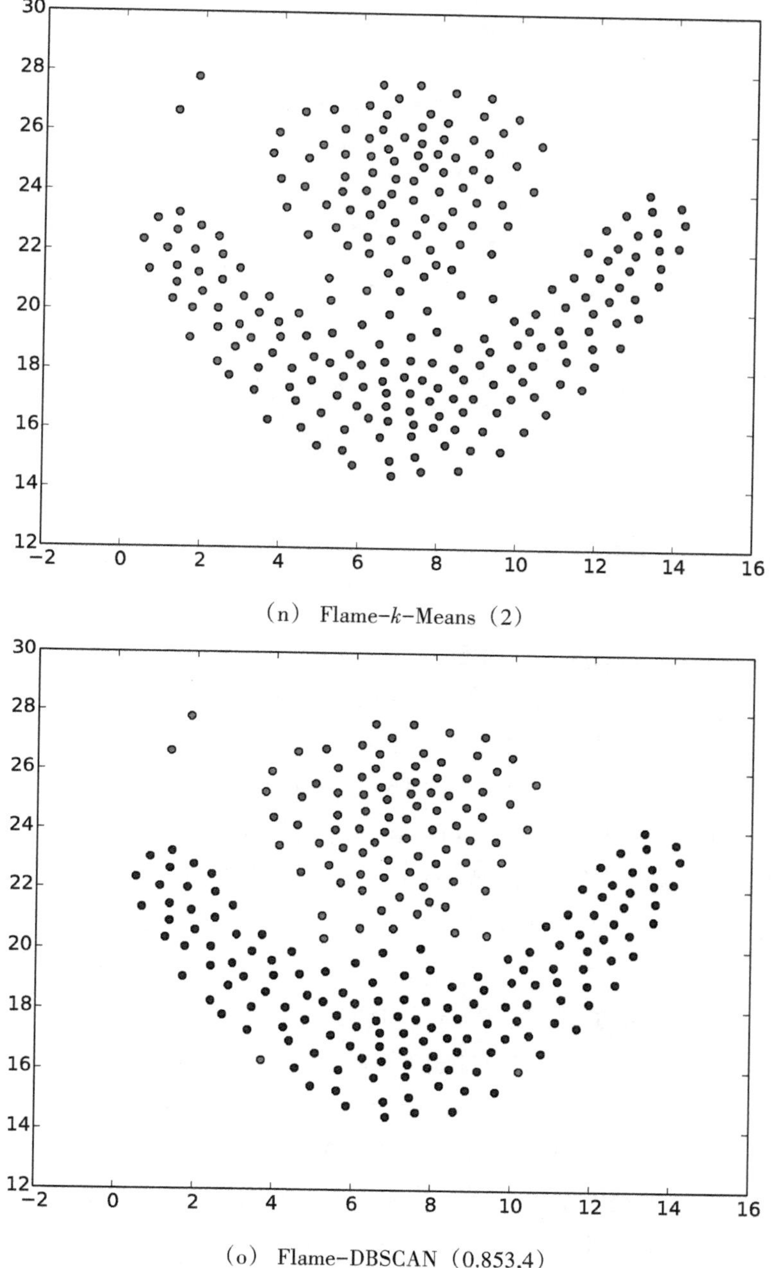

（n） Flame-k-Means（2）

（o） Flame-DBSCAN（0.853,4）

续图3-6 CLUB算法与对比算法在两个密度统一的数据集上的聚类结果

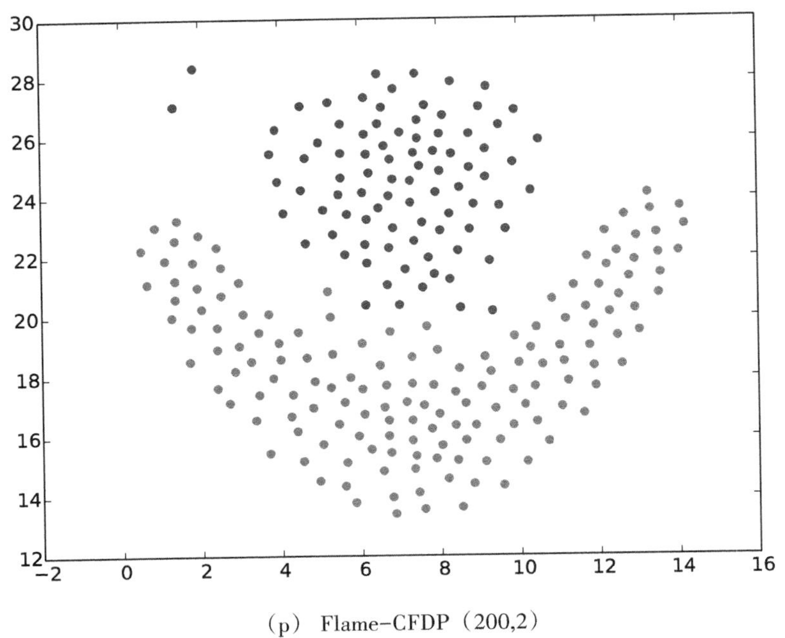

（p） Flame-CFDP（200,2）

续图3-6　CLUB算法与对比算法在两个密度统一的数据集上的聚类结果

从图3-6（a）中可以看出，数据集Aggregation中的簇全是典型的凸形簇，但是不同簇内数据点的个数差异比较大，而且在四个簇中分别有两个簇通过几个数据点形成的线连接在了一起。结合图3-6（b）—3-6（h）和表3-1中可以看出，对于数据集Aggregation，CLUB算法和CFDP算法可以正确地确定出其簇结构；OPTICS算法在聚类结果中排名第二，它把五个正常的点当成了异常点；BOOL算法的聚类结果也较好，其获得的ARI和NMI排名第三；其余三个算法不能正确划分数据集Aggregation。

图3-6（i）中显示了数据集Flame的真实簇结构，从中可以看出，这个数据集分为上、下两个簇，两个簇相连的簇边缘部分的点的分布相对于其他位置的点的分布比较稀疏。图3-6（j）—3-6（p）展示了几个算法在数据集Flame上的聚类结果。通过图3-6和表3-1，可以看出，CLUB算法获得了最好的聚类结果，CFDP算法获得了排名第二的聚类结果，这两个算法产生的结果的唯一不同之处是CLUB算法把左上角的两个与其他点孤立的点正确地检测成了异常点，而CFDP算法则没能将其正确检测。OPTICS算法和DBSCAN算法的聚类结果也比较理想，其获得的ARI和NMI分别排名第三和第四。其他三个算法没能将数据集适当划分。

因此，根据在这两个数据集上的聚类结果，可以断定，CLUB算法可以有效地对密度均匀的、包含任意形状簇的数据集进行聚类。

（6）无真实类标且包含异常点的数据集

T4和T5可以代表不含类标签且含异常点的数据集。尽管它们都没有真实的簇结构，但从图上可以清晰地看出簇的形状、个数以及周围的异常点。其中，T4属于包含任意形状簇的数据集，T5属于包含球状簇的数据集。

图3-7（a）—3-7（g）显示了CLUB算法和6个对比算法在数据集T4上的聚类结果。CLUB算法、BOOL算法、CLASP算法、OPTICS算法和DBSCAN算法正确地检测出了簇结构，而其他两个算法则不能对其进行有效检测。同时，CLUB算法、BOOL算法、OPTICS算法和DBSCAN算法能够正确地将周围的点检测为异常点。图3-7（h）—3-7（n）显示了几个算法在数据集T5上的聚类结果。所有的算法都检测出了正确的簇结构，其中，OPTICS算法、CLUB算法、BOOL算法和DBSCAN算法能够正确地检测出周围的异常点，让簇的结构变得更清晰。根据这两个数据集上的聚类结果可以得出，CLUB算法不但能够识别出球状簇和任意形状簇，而且能够正确地检测出数据集中的异常点。

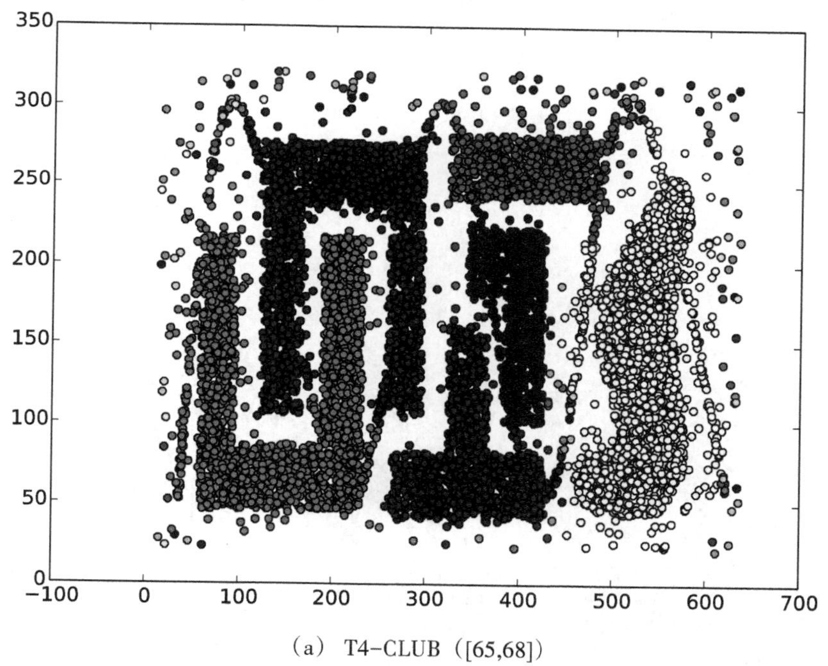

（a）T4-CLUB（[65,68]）

图3-7　CLUB算法与对比算法在两个无真实类标且包含异常点的数据集上的聚类结果

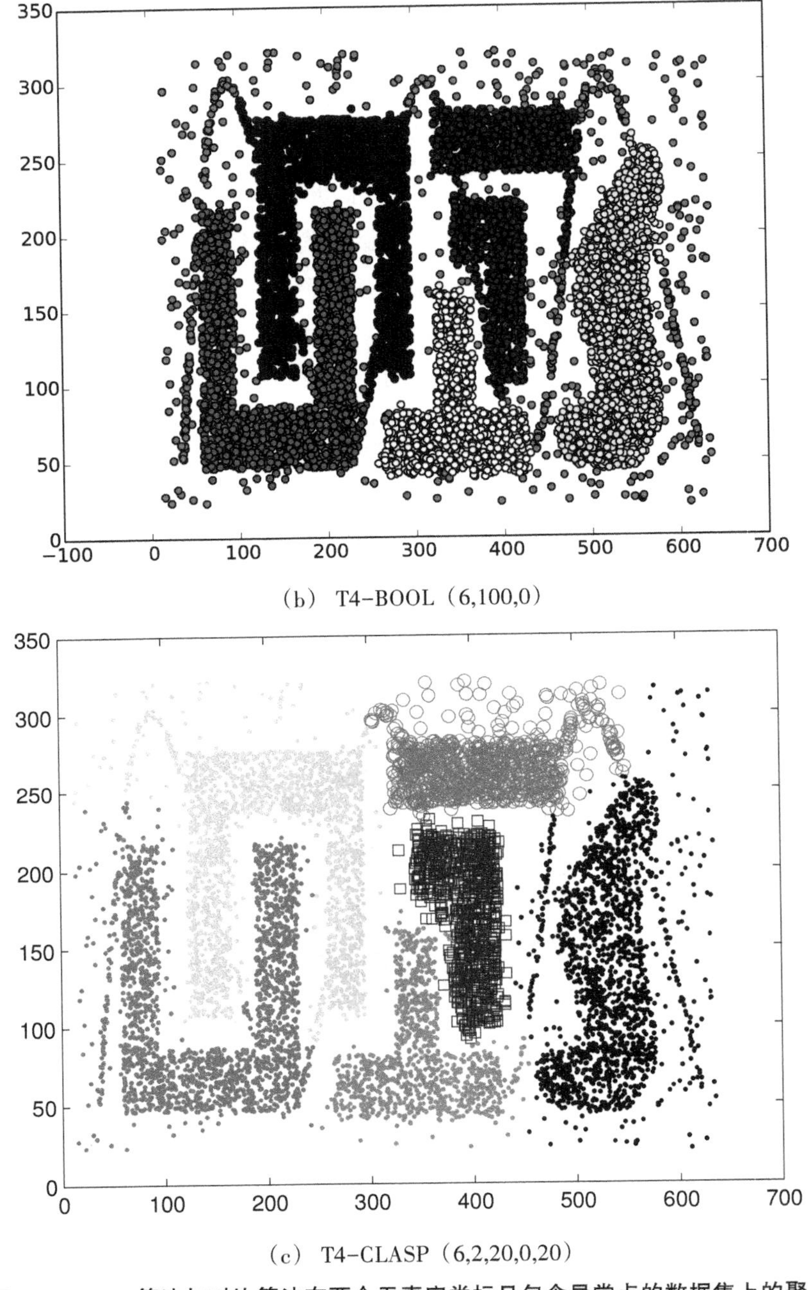

(b) T4-BOOL（6,100,0）

(c) T4-CLASP（6,2,20,0,20）

续图3-7　CLUB算法与对比算法在两个无真实类标且包含异常点的数据集上的聚类结果

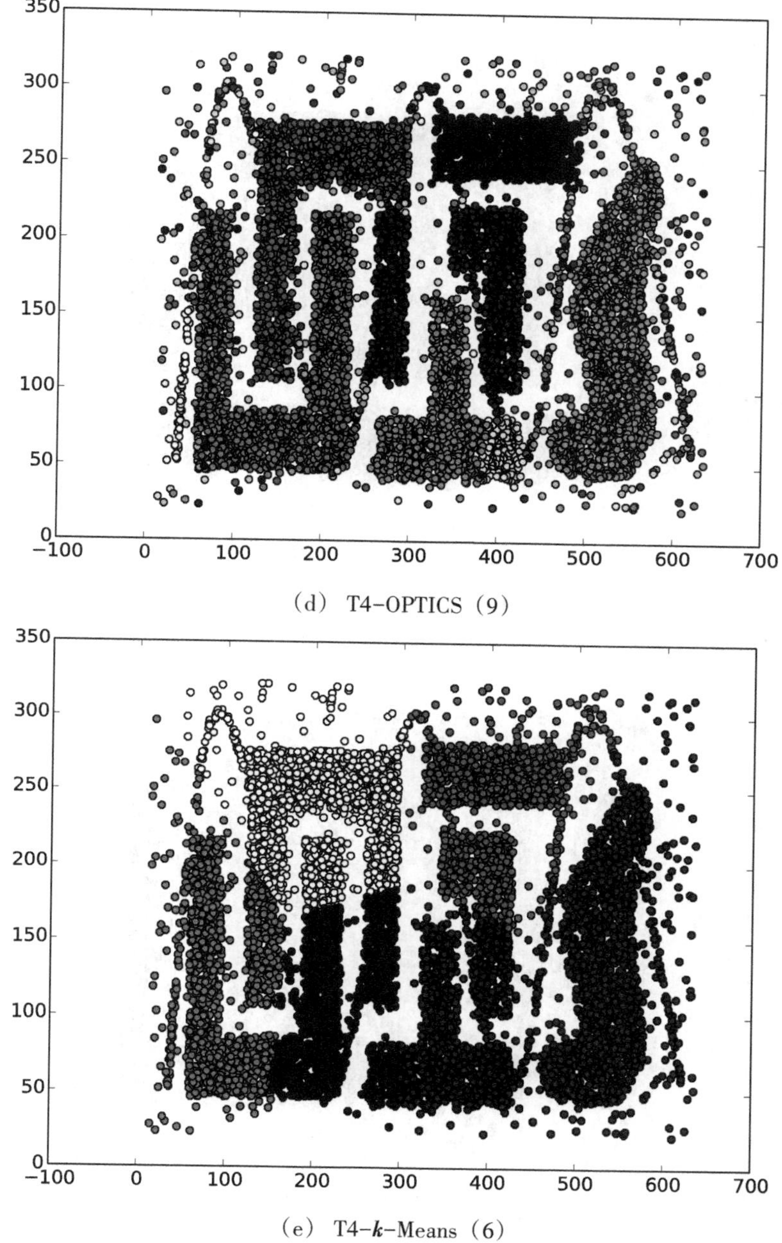

（d） T4-OPTICS（9）

（e） T4-k-Means（6）

续图3-7 CLUB算法与对比算法在两个无真实类标且包含异常点的数据集上的聚类结果

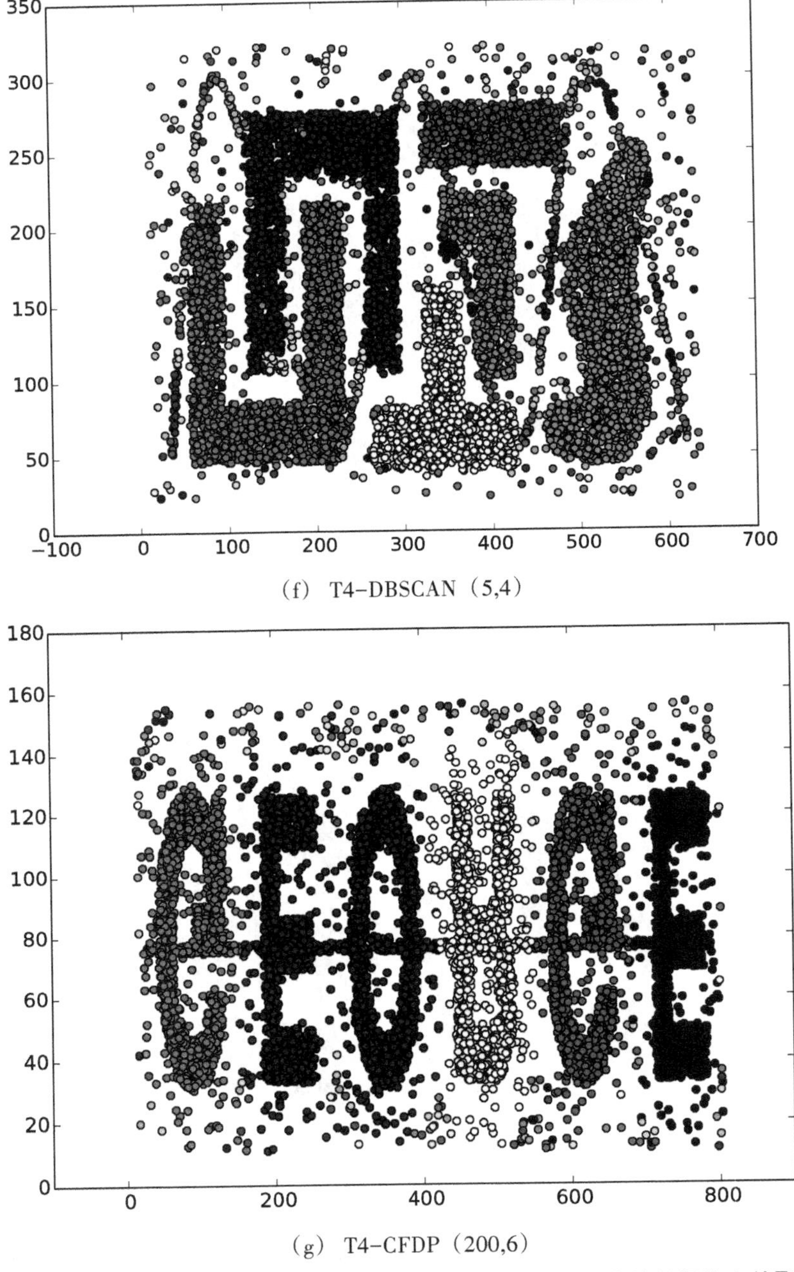

（f） T4-DBSCAN（5,4）

（g） T4-CFDP（200,6）

续图3-7 CLUB算法与对比算法在两个无真实类标且包含异常点的数据集上的聚类结果

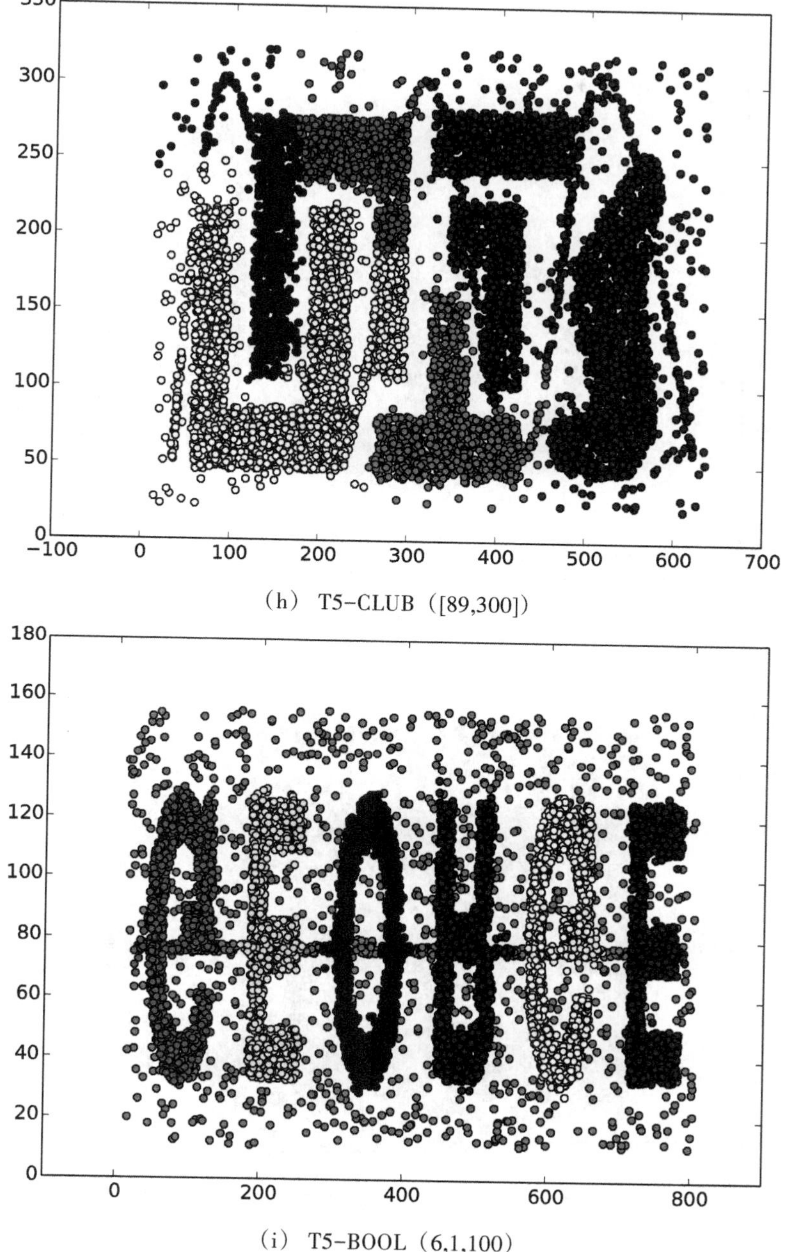

（h） T5-CLUB（[89,300]）

（i） T5-BOOL（6,1,100）

续图3-7　CLUB算法与对比算法在两个无真实类标且包含异常点的数据集上的聚类结果

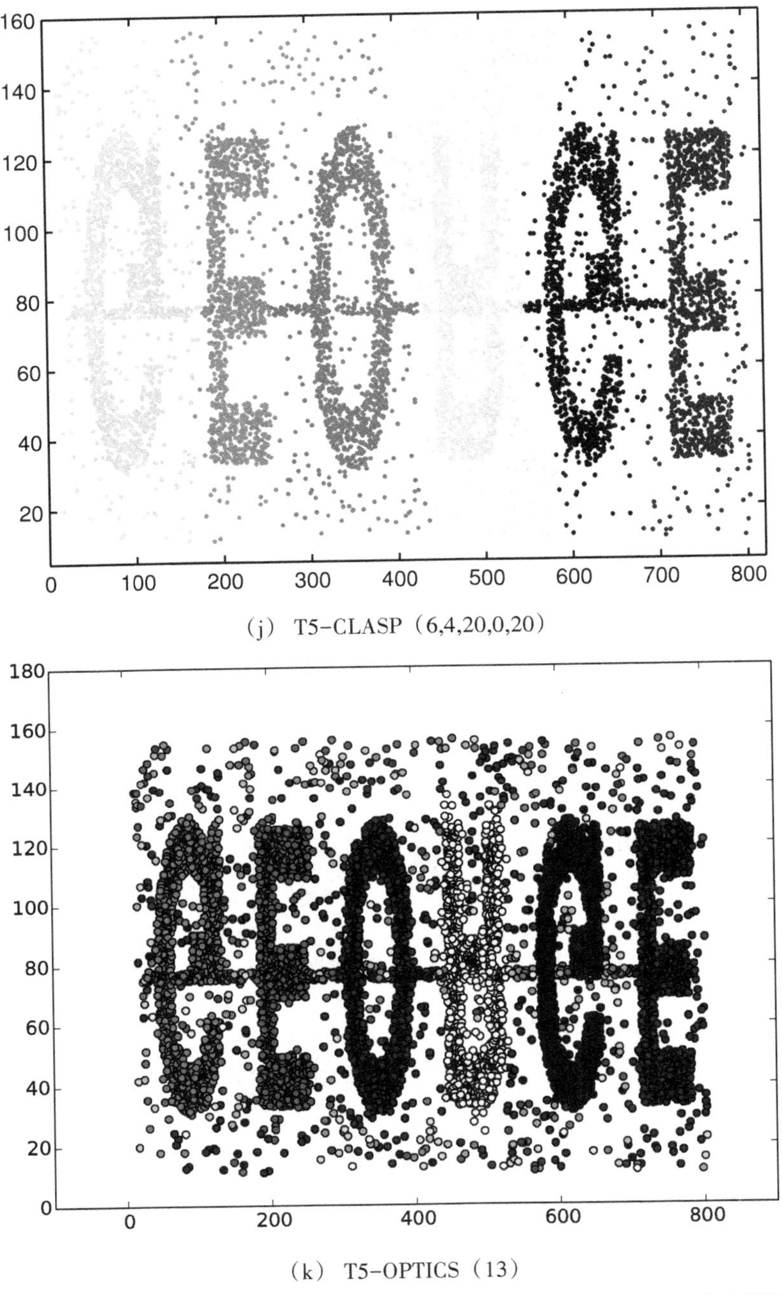

（j） T5-CLASP（6,4,20,0,20）

（k） T5-OPTICS（13）

续图 3-7　CLUB 算法与对比算法在两个无真实类标且包含异常点的数据集上的聚类结果

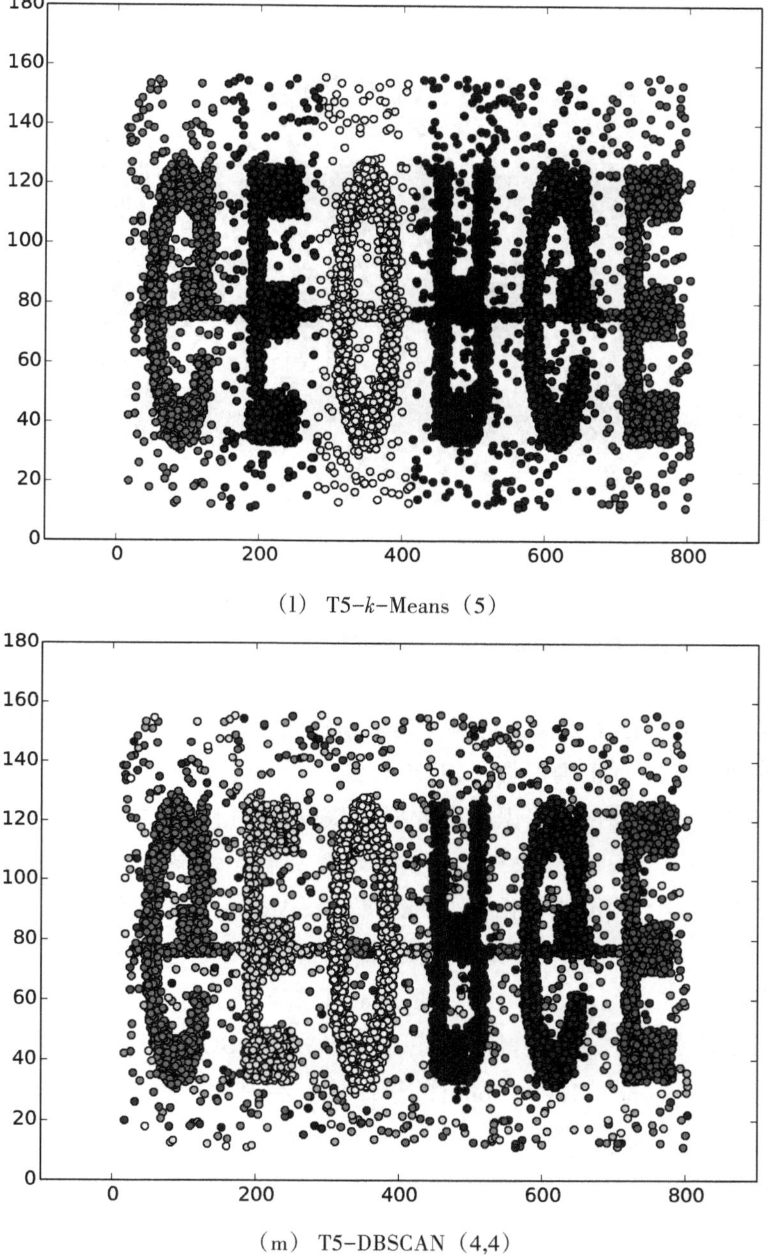

（l） T5-k-Means（5）

（m） T5-DBSCAN（4,4）

续图3-7　CLUB算法与对比算法在两个无真实类标且包含异常点的数据集上的聚类结果

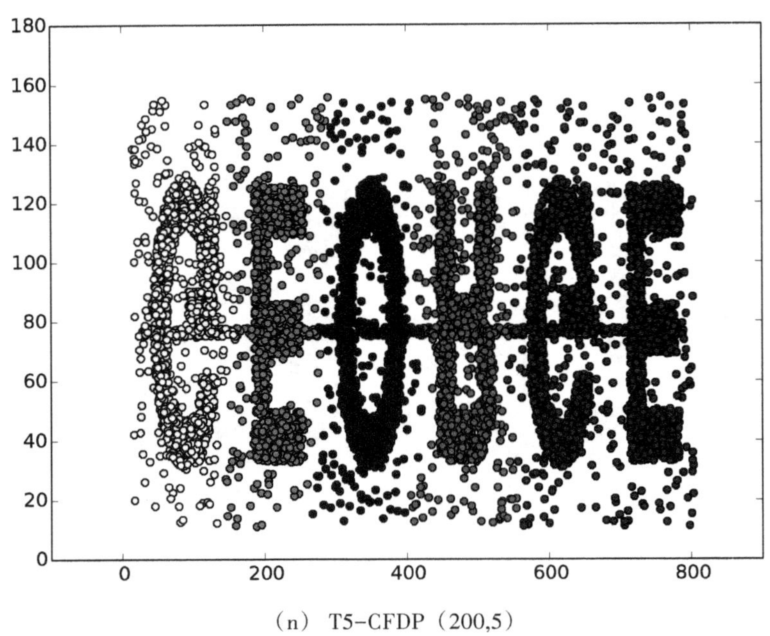

（n） T5-CFDP（200,5）

续图 3-7　CLUB 算法与对比算法在两个无真实类标且包含异常点的数据集上的聚类结果

通过以上实验可以得出，DBSCAN算法不能正确地检测出数据集Compound、Aggregation和D31中的簇结构，是因为其采用的固定的密度设置策略导致它只能对密度均匀的数据集进行正确聚类。CFDP算法由于只能识别出有明显的簇中心点以及单中心点的簇，所以它无法识别出数据集Compound和Toy中包含的多中心的簇。对于k-Means算法、BOOL算法和CLASP算法，尽管已经输入了正确的簇个数，但它们在有些数据集上并不能获得很好的效果。k-Means算法在数据集Aggregation、Compound、Toy、Flame、Spiral和T4上效果不好的原因是它只能够有效地发现球状簇。OPTICS算法在数据集Spiral和Compound上效果不好，在其他数据集上，除了将个别点当作异常点外，都获得了较好的效果。对于BOOL算法，它不能检测出数据集 Flame、Compound、Toy和Spiral的簇结构，在其他数据集上，跟算法OPTICS算法一样，BOOL算法错误地将一些正常点检测成了异常点。CLASP算法正确地检测出了数据集 Toy、T4和T5中的簇结构，但在其他六个数据集上，它都没能获得正确的簇划分。

因此，本节提出的算法——CLUB算法，不但能够获得正确的簇结构，而且相对其他6个对比算法，在大多数数据集上能获得最好的聚类效果。CLUB算法是一个能够正确地从数据集中检测出任意形状和任意密度的簇的算法。

3.3.3　聚类多维数据集

为了验证CLUB算法不只在二维数据集上聚类效果良好，同时还能适用于多维数据集，本小节在7个常用的多维数据集上对CLUB算法的性能进行了评估。表3-3

列出了7个数据集的基本信息，这些数据集的维数的范围是4至60。所有的数据集都有真实的簇结构。由于这些数据集中同一个数据点不同属性的值之间的量级差别较大，本实验预先将所有数据集的每一个点的每一维都进行了Z-score标准化处理。

表3-3　七个多维数据集的信息描述以及在每个方法上相应的输入参数（对每个数据集，n是数据集中点的个数，d是每个数据点的维数，c是数据集中包含的真实的簇数）

Dataset	Dataset Description			Input Parameter						
	n	d	c	CLUB	BOOL	CLASP	k-Means	DBSCAN	CFDP	OPTICS
Ecoli	336	7	8	(5)	(8,1,0)	(8,4,20,1,20)	(8)	(1.2,27)	(200,8)	(8)
Glass	214	9	6	(11)	(6,0,0)	(6,4,20,1,20)	(6)	(1.0,2)	(200,6)	(73)
Iris	150	4	3	(24)	(3,0,0)	(3,4,20,1,20)	(3)	(1.6,15)	(200,3)	(4)
Leaf	340	15	30	(3)	(30,0,0)	-	(30)	(0.6,4)	(200,30)	(1)
Segmentation	2310	19	7	(6)	(7,2,0)	(7,4,100,1,20)	(7)	(1.2,4)	(200,7)	(4)
Sonar	208	60	2	(5)	(2,3,0)	(2,4,20,1,20)	(2)	(0.1,83)	(200,2)	(12)
Spectf	267	44	2	(4)	(2,0,0)	(2,4,100,1,20)	(2)	(0.1,83)	(200,2)	(36)

表3-4显示了CLUB算法和比较算法BOOL算法、CLASP算法、k-Means算法、DBSCAN算法、CFDP算法和OPTICS算法在七个多维数据集上的聚类结果的量化比较。从表3-4中可以看出，与其他几个算法相比，CLUB算法在数据集Elico、Glass、Sonar和Spectf上获得了最好的聚类结果。在数据集Sonar上，尽管DBSCAN算法取得的NMI最大，但由于它的ARI为0，所以DBSCAN算法在此产生了无效的划分结果。在数据集Iris上，CLUB算法和DBSCAN算法获得了最大的NMI、次大的ARI，k-Means算法获得了最大的ARI和排名第三的NMI，OPTICS算法取得了排名第三的ARI和次大的NMI。对数据集Leaf，CLUB算法获得了最大的ARI和次大的NMI，OPTICS算法获得了最大的NMI和排名第三的ARI，k-Means算法获得了次大的ARI和排名第三的NMI。CLASP算法在运行数据集Leaf时产生了错误。在数据集Segmentation上，CLUB算法获得了最大的NMI和次大的ARI，CFDP算法获得了最大的ARI和次大的NMI。各个算法在每个数据集上相应的输入参数列在了表3-3中。

表3-4　CLUB算法与对比算法在七个多维数据集上的聚类结果的量化比较

Algorithm	Ecoli		Glass		Iris		Leaf		Segmentation		Sonar		Spectf	
	ARI	NMI	ARI	NMI	ARI	NMI	ARI	NMI	ARI	NMI	ARI	NMI	ARI	NMI
CLUB	**0.6732**	**0.6578**	**0.2889**	0.4994	0.5681	**0.7612**	**0.3503**	0.7629	0.5024	**0.6898**	**0.0333**	0.3318	**0.1447**	0.3237
BOOL	0.3112	0.3512	0.1524	0.2488	0.2802	0.3788	0.1371	0.5213	0.2142	0.4654	0.0001	0.0326	0.0190	0.0588
CLASP	0.5062	0.5648	0.1670	0.2975	0.1267	0.2642	-	-	0.3421	0.5296	0.0110	0.1387	0.0267	0.1430
k-Means	0.5060	0.6420	0.1500	0.2875	**0.6201**	0.6595	0.3370	0.6864	0.4733	0.6843	-0.0024	0.0072	0.0076	0.0970
DBSCAN	0.6437	0.6237	0.2750	**0.5155**	0.5681	0.7612	0.1879	0.7584	0.3750	0.6550	0.0000	**0.3598**	0.0000	**0.3977**
CFDP	0.6332	0.5995	0.0924	0.2419	0.4531	0.6586	0.1513	0.6234	**0.5166**	0.6822	0.0191	0.1056	0.0285	0.0318
OPTICS	0.5088	0.5462	0.2168	0.4116	0.5657	0.7452	0.2288	**0.7697**	0.3711	0.6471	0.0029	0.0360	0.0006	0.0579

从这7个数据集的实验中可以看出，大多数情况下，与在二维数据集上的表现相同，CLUB算法又一次在7个算法中显示了相对最好的聚类性能。因此，CLUB算法能高质量地工作于多维数据集。

3.3.4 CLUB算法在第二步选取前一半密度较高的数据点的合理性

CLUB算法的第二步，对第一步获得的初始簇内部的数据点按密度排序后，通过选取其初始簇内部的前二分之一的密度较高的点来获得簇的密度主干。在本节，将详细讨论选取较高密度点的百分比数对最终聚类质量的影响。为方便起见，把取高密度数据点的百分比数记为“percentage of higher density”。通过将选取的较高密度点的百分比以10%的间隔进行从10%到90%的设置，本节在有真实簇结构的数据集上对相应的ARI进行了评估。由于ARI的线条彼此之间太接近以至于相互重叠，本节只在图3-8中显示了14条中的9条，亦即14个数据集中的9个数据集的相应ARI线条。从图3-8中可以看出，在密度较高数据点的百分比为50%时，CLUB算法在所有数据集上都达到了基本最优的ARI。这就是CLUB算法在第二步选取前一半较高密度点来识别簇主干的原因。在本书使用的所有数据集上，较高密度点的百分比数均是50%。在实际应用中，为了获得相对较好的聚类性能，本书建议将较高密度点的百分比设置在40%和60%之间。

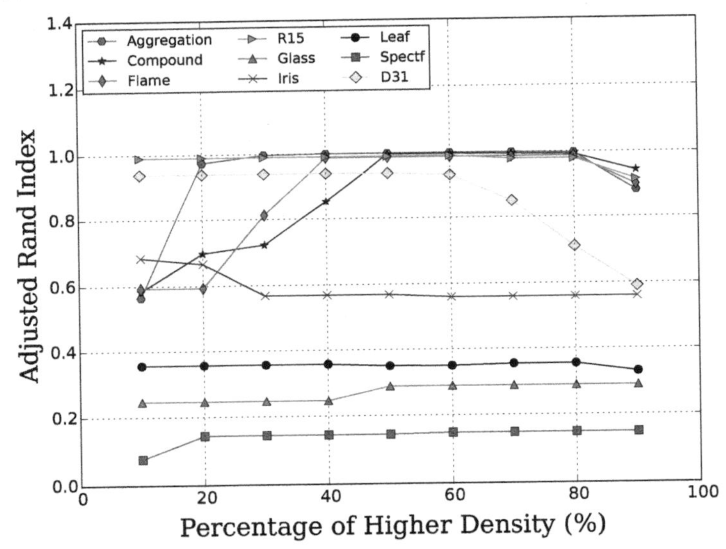

图3-8 CLUB算法在第二步取较高密度点的百分比数对聚类质量的影响

3.3.5 k的估计

CLUB算法中，唯一的输入参数为k，即每个点的最近邻数目。为k选取一个合适的值是CLUB算法的一个关键问题。在本节，将讨论在使用CLUB算法时如何为一个数据集选取一个合适的k值。

由于CLUB算法的第一步是通过MkNN连接方法来形成初始簇的，合适的k值应该在这一步就被发现。直觉上，如果一个点的分布与数据集中所有点的平均分布有相对较远的偏离，为了吸引此点到它邻近的簇中，k的取值也就相应较大。这是因为只有较大的k值才可能确保某簇内的一个点成为与它相距较近的、在此簇外部的点的MkNN点。以图3-9中的例子来说，图中在一个圈内的点都是MkNN点，同一圈内的点就可以通过MkNN连接方法聚集到同一簇中。其中，点10距离其他点相对较远。从图3-9（a）中可以看出，当k=2时，由于点10不是其他任何点的M2NN点，它就被其他点孤立成了另外一个类；而在图3-9（b）中，k=3，点10此时成了点9的M3NN点，所以点10就与其他点一起被划分到了同一个簇中。从此例可发现，k的取值取决于数据集中点的分布情况。

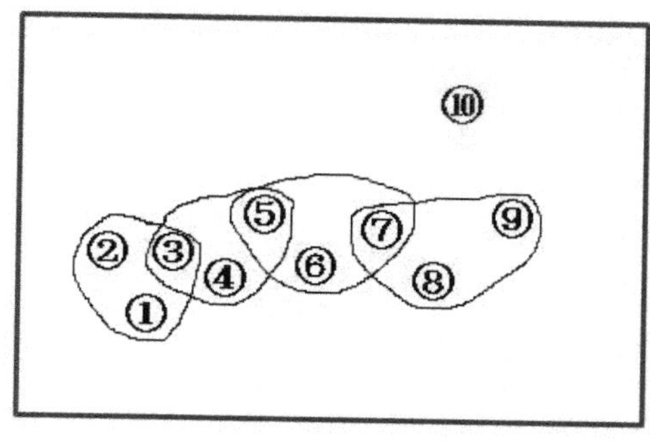

（a）k=2

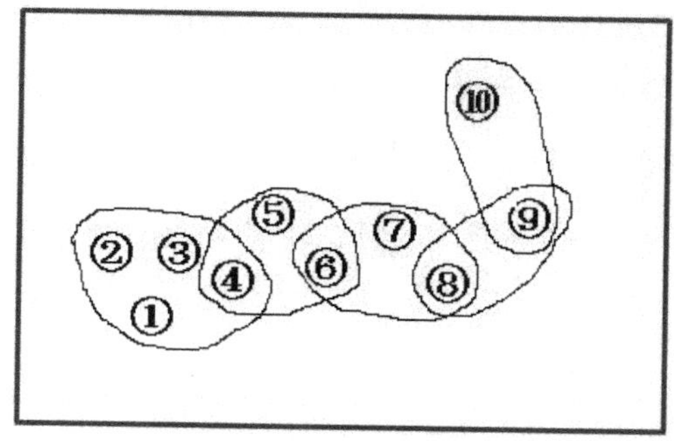

（b）k=3

图3-9　CLUB算法第一步在不同的k下的聚类过程和相应的聚类结果的示例说明

在此，用数据集中的每个点和它的最近邻居之间的标准偏差对平均距离的比率表示一个数据集中点的分散程度。首先将数据集中每个点的每一维属性都进行Z-score标准化处理，然后计算一个数据集中的每个点和它的最近邻居之间的平均距离和标准偏差。简便起见，记平均距离为$mean_d$，距离的标准偏差为std_d。聚类时，一个数据集的$\frac{std_d}{mean_d}$越大，输入的k也就越大。

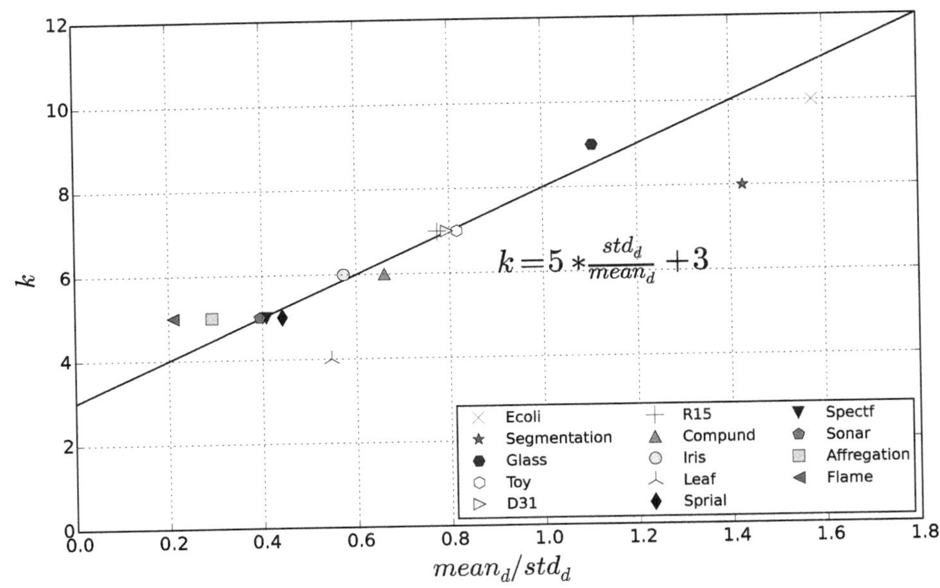

图 3-10 参数 k 与数据分布之间的关系

为了量化评价这种参数设置方法，由于数据集 T4 和 T5 没有标准的簇结构，本节在其余的 14 个有类标签的数据集上进行了实验。如图 3-10 所示，在正确的 k 和 $\frac{std_d}{mean_d}$ 之间有一种近似的线性关系。注意，图 3-10 中展示的 k 只是其中一个 k 值，即当 CLUB 算法在每个数据集上取得 ARI 最大值和 ARI 最大值的 9/10 之间时的其中一个 k。k 和 $\frac{std_d}{mean_d}$ 的关系可近似表示为，

$$k = 5 \times \frac{std_d}{mean_d} + 3 \tag{3.3}$$

因此，本节建议在公式（3.3）所表示的线的周围发现合适的 k 值。

此外，从以上的一系列实验中，我们知道 k 的取值范围较大。如在数据集 D31 中，k 的取值范围是从 7 到 23 之间的整数。

3.3.6 应用实例

CLUB 算法应用到 Olivetti Face 数据集上[152]来体现 CLUB 算法对人脸数据的聚类性能。具体操作是在没有提前进行任何训练的情况下将同一个人的脸聚集到同一个簇中。与第四章采用相同的处理方式，两张图片的相似度根据文献[153]中的方法计算获得。对于规模如此小的一个数据集，簇主干不可避免地会受到统计误差的影响。图 3-11 中显示了 CLUB 算法在前 10 个人的脸部照片上的聚类结果，其中同一个颜色代表一个簇，而灰色的图像表示不属于任何类的异常点。可以看出，前 8 个簇中每个簇分别对应一个人，这说明 CLUB 算法有能力识别出 10 个人中的 8 个人。

图3-11　CLUB算法对Olivetti Face数据集的前100个图片的聚类结果

此时，ARI为0.7758。由于文献[84]中报告的CFDP算法的ARI为0.3244，所以CLUB算法在这个数据集上的表现优于CFDP算法[84]。具体来说，CLUB算法准确地识别出了第二个人、第四个人和第六个人的所有照片。对于第一个人和第三个人，除了两张侧面照，CLUB算法准确地识别出了全部正面照。这两张侧面照虽然与其他照片明显不同，但彼此之间非常相似，这与CLUB算法的聚类结果完全一致。对第五个人、第七个人和第八个人，分别只有一个点被当作了异常点，没有被正确分配到其所属的簇。由于相似度非常接近，最后的两个人被错误地划分到了同一个簇。

总体来说，这些结果显示出CLUB算法可以很好地处理人脸数据集。

3.3.7 CLUB算法的优点

根据以上的分析与大量的综合实验，可以发现CLUB算法主要有以下优点：

（1）CLUB算法能够基于簇主干，很容易地发现有各种密度的各种不规则形状的簇。

（2）CLUB算法不需提前说明簇的个数。很多聚类算法都依赖于提前定义的簇个数。但由于确定合适的簇个数需要对数据集有足够的先验知识，在实际应用中，簇的个数一般很难提前预知。在CLUB算法中，簇的个数能由输入参数k决定，而本书给出了k的大概取值范围。因此，CLUB算法能够自动确定簇的个数，这与其他算法很不相同。

（3）一个点的密度由这个点与它的k近邻之间的距离之和决定。相对于固定的密度阈值设置，CLUB算法对聚类任意密度簇有很强的鲁棒性。

（4）CLUB算法在发现任意形状、任意密度的簇的同时能有效地检测出数据集中的异常点。

（5）CLUB算法的聚类结果是完全确定的：有可能同时被划分到多个簇的边界点只能被划分到密度比它大的最近邻所在的簇。

3.4 小结

为了从数据集中更有效地识别出任意形状、任意密度、任意规模的簇，本章介绍了一个简单的、有效的、鲁棒的聚类算法——CLUB算法。在聚类过程中，簇的个数由本章提出的一个新颖的簇密度主干识别方法自动确定。簇主干识别方法是把在CLUB算法的第一步生成的初始簇中的前一半密度比较大的点，通过本章提出kNN连接方法聚集在一起。无论簇的形状和密度如何，CLUB算法都能有效地将其识别。本章还设计了大量的实验，在各种类型的数据集上展示了CLUB算法的聚类性能。这些任意密度、各种维数的数据集涵盖了凸形簇、多中心点簇、任意形状簇、任意规模簇。同时，还使用经典的和当前关注度较高的几个新聚类算法与CLUB算法进行了比较。结果显示，在检测各种类型的簇时，CLUB算法体现出了其卓越的性能。

4 基于本体的大气污染源建模

4.1 研究背景

随着社会经济的发展、人民生活水平的不断提高，大气污染越来越严重，空气质量也越来越差。空气污染的成因已经引起了人们的高度重视。而且，各地区的污染物、污染源及扩散程也各不相同。

而本体是人工智能的基础，也是知识共享、集成和重用的基础，在信息传播、信息检索和知识交流中发挥着重要的作用。一般由于应用领域的不同，把涉及特定学科领域的本体称为领域本体。领域本体可以对概念以及概念之间相互关系进行精确描述，消除了概念及术语的混乱，能够满足用户对系统的共享和互操作性[154]。其中，Protégé是目前使用最广泛的本体论编辑器之一。目前，Protégé已应用到医疗、软件工程以及环境等众多领域的本体模型构建[155,156]。一些研究者利用本体理论基于Protégé对大气污染、大气质量检测进行了基于知识系统的开发[157–159]。

鉴于本体具有很强的表达能力，它可以形式化地定义和描述大气的原始状态及构成等概念之间的复杂的层次关系和依赖关系。因此，本书将从抽象的角度对大气污染领域的大气污染物、大气污染源以及相关的气象因素进行分析，并使用Protégé从概念层次上对大气污染领域本体进行建模，创建、可视化、操纵各种表现形式的大气污染本体，为基于污染知识的本体化应用程序的设计与开发提供基础。

4.2 相关知识

4.2.1 本体

本体（Ontology）起源于哲学。后来在逐步发展的基础上，产生了很多不同的定义，但从内涵上看，不同研究者都把它当作是领域内部不同主体之间进行交流的一种语义基础，即由Ontology提供一种共识。目前对Ontology概念的统一看法认为Gruber提出的最为合理，即“本体是概念化的、明确的规范说明”。

4.2.2 大气污染源、大气污染物及相关气象条件

大气污染源是指向大气环境排放有害物质或对大气环境产生有害影响的场所、设备和装置。按照污染物质的来源大气污染源可分为天然污染源和人为污染源。天

然污染源是指自然界中某些自然现象向环境排放有害物质。人为污染源主要包括燃料燃烧、工业生产过程排放、交通运输过程中排放等。

目前已知的大气污染物有100多种，根据污染物在大气中的物理状态，可分为污染气体和悬浮物。常见的污染气体包括二氧化硫、氮氧化物、氯氟烃、一氧化碳、碳氢化合物、对流层臭氧以及光化学烟雾等。悬浮的颗粒物，是指悬浮在空气中的固体颗粒或液滴。通常按颗粒的大小来区分，其中，直径小于或等于10 μm的颗粒物称为可吸入颗粒物（PM_{10}），直径小于或等于2.5 μm的颗粒物称为细颗粒物（$PM_{2.5}$）。另外，还有一些由工业生产中的破碎和运转作业所产生的直径为1～75 μm的颗粒，主要包括：钙离子（Ca^{2+}）、镁离子（Mg^{2+}）、硅离子（Si^{2-}）、铝离子（Al^{3+}）、铁离子（Fe^{3+}）、钠离子（Na^{+}）、钾离子（K^{+}）、碳氢化合物、硝酸盐（NO_3^-）、硫酸盐（SO_4^{2-}）等。其中，各污染源的代表性离子如表4-1所示。

表4-1　各类污染源的代表性污染离子

污染源	建筑水泥尘	煤烟尘	冶金尘	燃油尘	扬尘	机动车尘	硫酸盐	硝酸盐
代表污染离子	Ca^{2+}、K^{+}	Al^{3+}	Fe^{3+}、Zn^{2+}	Mg^{2+}	Si^{2-}	S^{2-}、TC^{2+}、Co^{2+}	SO_4^{2-}	NO_3^-

大气污染物的浓度，除了与排放的总量有关外，还与气象因素有紧密的联系。污染物一进入大气，就会稀释扩散。风越大，大气湍流越强，大气越不稳定，污染物的稀释扩散就越快；反之，则污染物的稀释扩散就慢。此外，温度也会对污染物浓度产生影响，在一定范围内，污染物的浓度会随着温度的升高而增大，但超过一定的温度后，浓度就会逐渐下降。

4.2.3　Protégé软件

本书使用Protégé软件对大气污染领域的相关知识进行建模[160,161]。Protégé是由Stanford大学开发的一个用Java编写的跨平台且源码开放的本体编辑工具，主要用于语义网中本体的构建，是语义网中本体构建的核心开发工具。

Protégé以JAVA和Open Source作为操作平台，可用于构建本体和编辑知识库（Knowledge Base），可以根据使用者的需要进行定制，可自行设置数据的输入模式，支持几乎所有形式的本体论表示。而Protégé 工具本身没有嵌入推理工具，不能实现推理，但它具有很强的可扩展性，可通过插入插件来扩展一些特殊的功能，如推理、提问、XML转换。Protégé本体是以树形的等级体系结构来显示，用户只需通过点击相应的项目来增加或编辑类、子类、属性、实例等，是一种比较容易学习和使用的本体开发工具，所以用户在使用Protégé过程中，不需要掌握具体的本体描述语言。

4.3 大气污染领域的本体建模

4.3.1 模型总体结构

本章所构建的模型是以环境污染物（Pollutants）开始的，由于污染物的种类较多，本书只针对大气污染物（Air_Pollutants）进行建模，然后对大气污染物进行分析。对能产生颗粒物的大气污染源（Pollutant_Sources）进行建模，分析得出能使颗粒物浓度发生变化的污染离子。最终，构建了使大气污染物PM浓度发生变化的气象因素（Meteorological_Factor）本体。大气污染领域模型的建立是以大气污染物为核心构建各种本体类、类的父类和子类。并根据实际情况，将大气污染物（Pollutants）、大气污染源（Pollution_Sources）以及气象因素（Meteorological_Factor）三大模块联系在一起。如图4-1所示为大气污染领域的知识框架图。

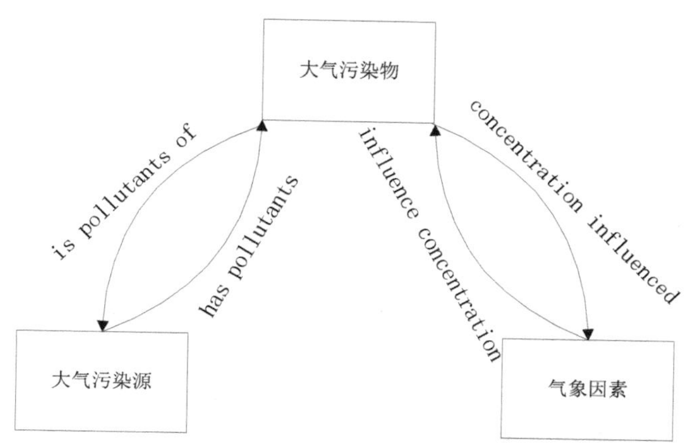

图4-1　大气污染领域框架图

4.3.2 大气污染源的层次关系

大气污染源本体可分为人为污染源和自然污染源。

自然污染源是指自然界中向大气排放有害物质的某些自然现象（主要包括火山喷发、森林火灾、自然植物释放以及沙尘暴等）。本书只讨论了由沙尘暴所产生的污染物扬尘。

人为污染源（Pollution_Sources）是由人类活动形成的，基本可以概括为三方面：燃料燃烧、工业生产以及交通运输过程中所产生的污染物。其中，工业生产是最主要的大气污染源，产生的污染物种类多、数量大，主要包括建筑水泥尘、冶金尘、硫酸盐以及硝酸盐；燃料燃烧污染物是工业企业和人们日常生活燃烧煤、石油、天然气等所产生的，主要包括煤烟尘和燃油尘；交通运输中最重要的则是现代机动车辆排放的尾气形成的机动车尘。图4-2所示为大气污染源的层次结构图。

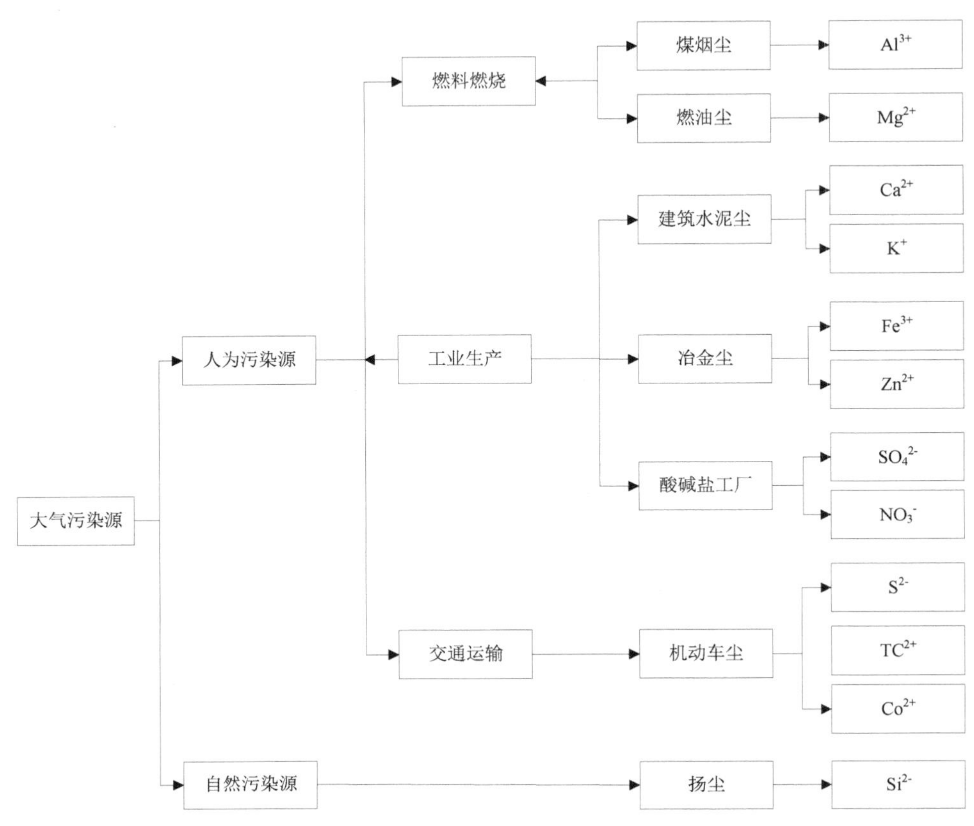

图4-2　大气污染源的层次结构图

4.3.3　大气污染领域类建模

只要有大气污染源就会有大气污染物，污染物浓度越高，对环境造成的危害也就越大。不同地区污染物浓度的差异，主要是由污染物的排放量、地形地物以及气象条件等因素造成的。其中，排放量是决定大气污染物浓度的最基本因素，在地形、气象条件都相同的情况下，单位时间内排出量越大，大气污染物的浓度越高。而气象条件中的温度、湿度、压强以及风速等对污染物浓度的影响较大。如温度升高时污染物的浓度会降低；湿度增大时污染物的浓度会增大；压强升高时污染物的浓度也会增大；风速增大时污染物浓度会降低；温度升高压强减小时污染物浓度会减小；湿度增大压强也增大时污染物浓度也会增大；压强减小风速也减小时污染物的浓度是基本不变的。本章只针气象因素（Meteorological_Factor）做了分析研究。

本书所构建的大气污染领域模型包含了Meteorological_Factor、Air_Pollutants、Pollutant_Source 三个主类，其中，Meteorological_Factor 下包括 Temperature、Humidity、Pressure、WindSpeed 四个子类；Air_Pollutants 下包括 Gaseous_Pollutants

和PM两个子类；而由于本书研究的是大气污染物PM下的污染源，所以PM就是Pollutant_Source的父类，Pollutant_Source又包括Artificial和Natural两个子类，同样Artificial和Natural下又有许多的子类，具体类层次如图4-3所示。

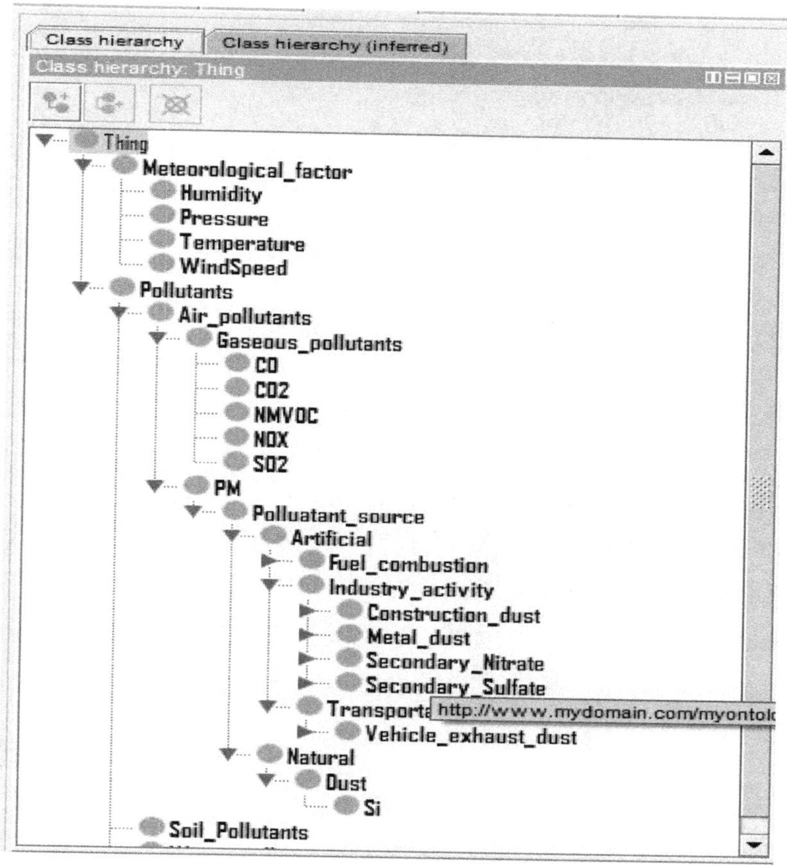

图4-3 **大气污染领域类层次图**

大气污染领域建模包括大气污染物、大气污染源、气象因素三大模块，所以Meteorological_Factor、Air_Pollutants、Pollutant_Source就是建模的三大主类，其中大气污染物是建模的核心，大气污染源是建立在大气污染物PM下，气象因素是会导致污染物浓度发生变化的因素。如图4-4所示为主类的展示图。

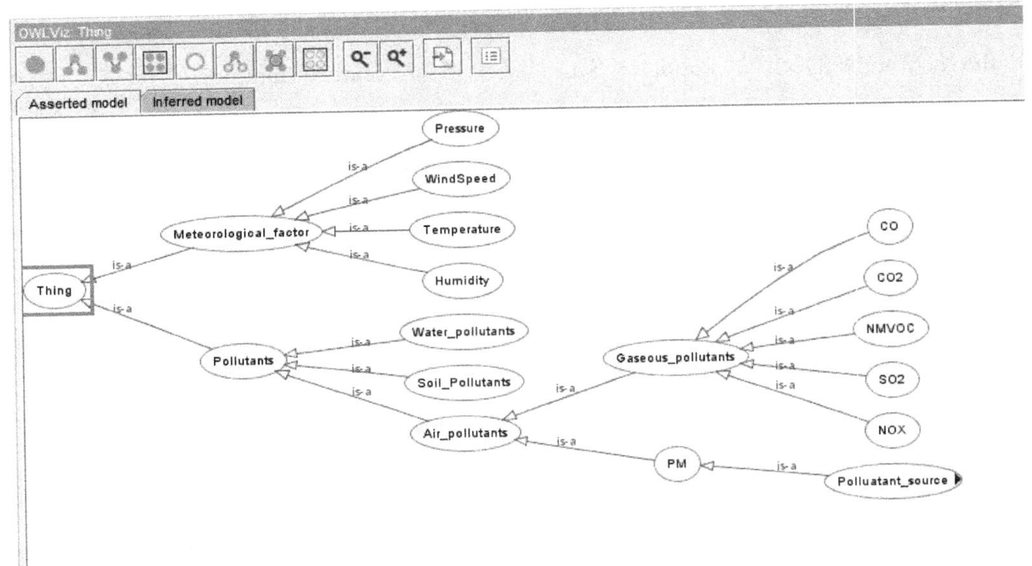

图4-4　主类展示

基于Protégé的大气污染领域本体模型的实现图中共包含了46个类，完成了由大气污染物、大气污染源以及气象因素组成的大气污染领域的层次分布图。具体展示如图4-5所示。

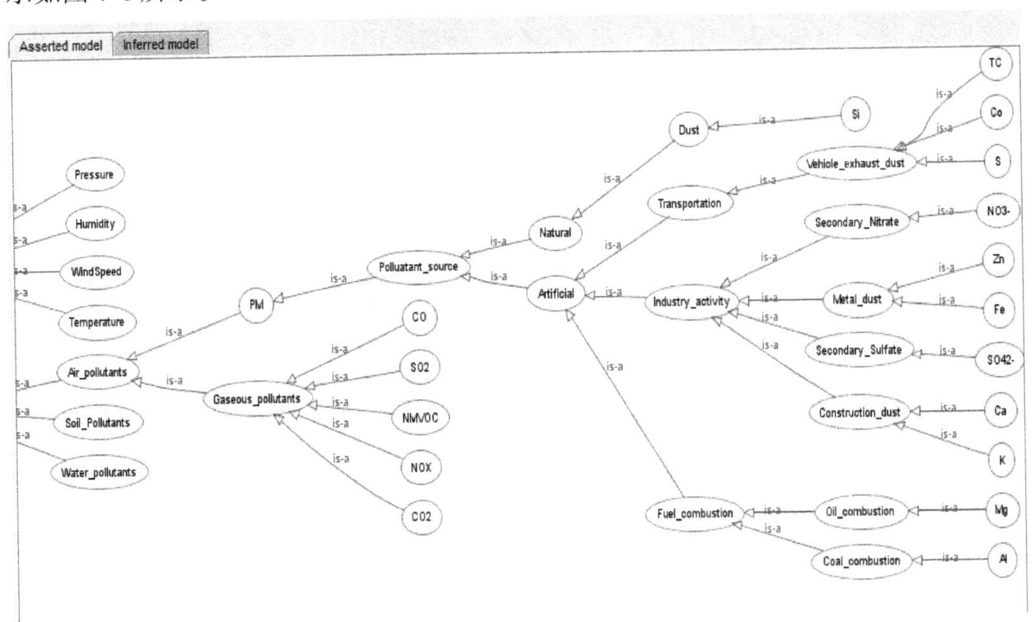

图4-5　大气污染领域本体模型Protégé实现图

4.4　基于大气领域本体模型的规则推理

在Protégé软件中还有一个比较重要的部分——推理，这也是本书的重点之一。本书生成了污染物与污染源关系的规则库，共50条规则，比如：

IF Vehicle_exhaust_dust concentration=High THEN S^{2-} concentration =High OR TC^{2+} concentration =High OR Co^{2+} concentration =High；

（解释为：如果机动车尘的浓度增大，那么S^{2-}、Co^{2+}或TC^{2+}的浓度就会增大）

还同时生成了气象条件与污染物关系的规则库，共66条规则，比如：

IF （Temperature=High AND Humidity=High） OR （Pressure =Medium AND Wind_Speed =Low） THEN Air Pollutant Concentration=High;

（解释为：如果温度升高时湿度增大或者在大气压强不变时风速减小，那么污染物浓度会增大。）

图4-6展示了Ca元素的推理图。输入Ca元素之后，选中右边的Super classes、Ancestor classes、Equivalent classes、Subclasses、Descendant classes和Individual几个选项后，推理机将自动推理出Ca元素的父类、祖先类、等价类、子类、子孙类以及所涉及的个体（如果存在）。

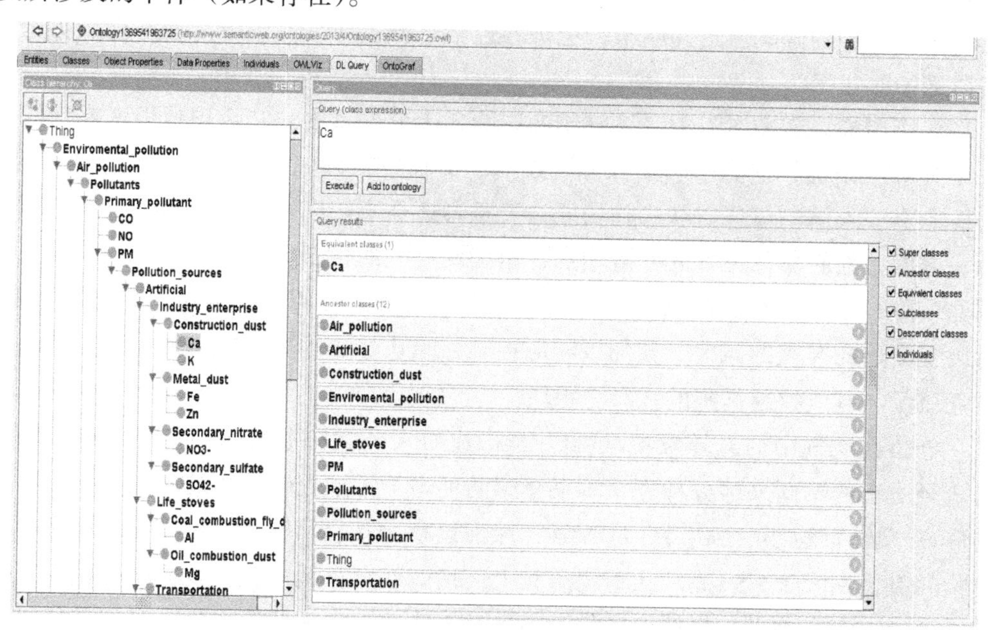

图4-6 Ca的推理图

4.5 小结

根据由Protégé工具构建的大气污染领域本体模型，编写了大气污染物与大气污染源关系和大气污染物与气象因素关系的规则库，并完成了建模中最重要的推理工作，实现了从后往前推理出造成大气污染的主要污染离子。该建模可以有效地帮助人们分析造成大气污染的成因，进行大气污染预警，能够对改变工业地区生态环境、治理工业污染源、治理机动车尾气以及防止城市的扬尘污染等提供依据。

5 基于连续隐马尔可夫的兰州PM_{10}污染提前24小时预测研究

5.1 研究背景

随着我国经济的飞速增长、工业化和城镇化的不断推进，大量的重工业不断涌现，在增加GDP的同时，也给环境带来了巨大压力，各种工业废气和污染物的肆意排放使得空气质量日益恶化。近几年，“雾霾”已经成为全国人民极其关注的焦点话题，因为许多城市频繁且又严重的雾霾天气已经威胁到人们的正常生活，极大程度上危害人们的健康。近几年来，全国各地都在积极地采取措施治理雾霾，防止空气质量的恶化。

众所周知，雾霾对人类身体健康的影响是十分严重的，它会导致很多疾病的发生率大幅度增加，比如呼吸道方面的疾病、心血管方面的疾病等等。更严重的是，它还能降低人体的免疫力和心肺功能，严重者还会直接影响到人类的生殖能力。另外一方面，随着雾霾天气的日益增加，全国的空气质量因为有悬浮颗粒物的存在而明显下降，室外能见度降低，会直接影响人类出行的方便和安全而引起交通管制。所以找出形成雾霾的原因，并加以相应控制，阻止雾霾的进一步扩散也是一项改善空气质量、有效控制雾霾的强有力手段。

分布在空气中的悬浮颗粒（PM）会形成对人体健康危害的霾。悬浮颗粒以颗粒直径大小的不同来区分种类，本书介绍两种当下污染比较严重的，即可吸入颗粒（PM_{10}）和细颗粒物（$PM_{2.5}$）。对于第一种颗粒物，其直径不大于10 μm，第二种颗粒物的直径不大于2.5 μm。从直观意义上，只能以直径大小区分颗粒物，从对人体吸入的危害大小来讲，颗粒直径的大小与对人体的危害是成反比的。因为直径较大的颗粒物由空气进入鼻孔时，其中一部分会被鼻孔中的细毛粘住，不会进入人体。相反，直径越小的颗粒物越容易被吸入人体。上面提到的两种颗粒不会被鼻子滤掉，会进入人体并且吸附在支气管和肺泡上，对人危害很大，如果颗粒直径不大于0.1 μm不只是会停留在气管和肺泡，可能会吸附在大脑或者其他器官上，从而引发脑部疾病及脑部损伤。$PM_{2.5}$相比PM_{10}体积更小，吸附的有毒物质更多，且穿透力更强，会影响气管和肺泡的功能。$PM_{2.5}$会引发心脑血管等疾病。随着$PM_{2.5}$浓度的增加，人类因这些疾病死亡的风险也在增加，两者成正比关系。相关研究表明，$PM_{2.5}$

浓度每上升10个单位，由心肺疾病引起死亡的概率会增加6%，而由肺癌引起死亡的概率则会增加8%[161]。

综上所述，悬浮颗粒物PM_{10}和$PM_{2.5}$是雾霾天气真正危害人体健康的罪魁祸首。所以，实时检测和监控空气中的PM_{10}和$PM_{2.5}$的浓度，已成为一件十分必要的事情。进一步有必要通过已有的气象条件数据与PM_{10}和$PM_{2.5}$浓度数据对未来的浓度指标进行预测，提前报告浓度指标。

目前，对悬浮颗粒物源头进行解析的方法很多，主要包括受体模型和扩散模型两种模型方法。受体模型主要对空气的环境受体以及污染源头的性质进行分析，定性地解析影响受体的污染源，再对储污染源的分担率做定量的计算。受体模型比扩散模型应用更加广泛，主要是因为：一些比较复杂的外部条件因素不需要考虑在内，比如气象条件、地形及污染物排放条件等等，也无须考虑悬浮颗粒物的转移去向。模型相比较而言更容易建立。经过大量的研究调查，现有的受体模型已有很多种了：多元线性回归（MLR）[162]；主成分分析法（PCA）[163]；因子分析法（FA）[164]；投影寻踪回归法（OPPR）[165]；化学质量平衡法（CMB）[166]。Chan等运用受体模型解析得知澳大利亚布里斯班的PM_{10}主要来自扬尘（25%）、二次污染物和碳元素（15%）、机动车尾气（13%）、海盐（12%）、钛化合物和富钙（11%）[167]。而扩散模型则是通过模拟大气中污染物的产生、扩散、转移等过程，预测污染物在不同污染源、不同气象条件下污染物浓度分布的模型，这种模型比较复杂，需要考虑相对较多的如地形、气象条件等因素。

5.2 相关预测方法分析

在上一节所述众多预测方法当中，相对比较广泛的应用是神经网络（ANN）预测方法。其在预测期间有较好的稳定性。但是，尽管神经网络能产生良好的预测效果，因为神经网络缺乏统计学观点，其结果的好坏是无充分数学角度的理论依据的，这类似黑箱模型，是缺乏可解释性的。当出现问题或者预测结果相对较差的时候无法通过充足的理论依据去改进，这是它最大的劣势所在。

与基于神经网络的预测方法相比，隐马尔可夫模型的预测模型具备许多优势，隐马尔可夫模型有更为体系化的数学结构，它有更为优秀的诊断监控能力，其学习模型所需要的样本数量也远小于神经网络，这两大优势为隐马尔可夫模型提供了更为广阔的应用空间[168,169]。

隐马尔可夫模型中包含两个随机过程，其构建了隐状态随机变量与观测随机变量之间的函数映射，也正是因为它特殊的模型结构，隐马尔可夫模型在对各种连续过程进行建模时，要优于其他数据驱动模型[170]。而且，此特殊的数学体系在对动态过程的、与时间特性相关的序列建模时十分有效，在对时间序列分类时表现出不俗的健壮性。针对一些较弱可复现性和不稳定信号的分析和解释较为合适[171]。

相对于隐马尔可夫模型，其他一些处理时序的模型的处理能力就显得要弱一些了。隐马尔可夫模型已经广泛应用于语音处理、机器翻译、蛋白质编码等领域中。在许多应用当中，隐状态的输出是离散的，对应的映射关系可用观测矩阵来描述。但是不乏在许多应用当中，观测变量是连续信号而非离散信号，如果运用诸如适量量化等方法对其进行离散化处理，对整个模型而言，将会产生相当可观的量化误差[172]。所以，对于这种情况，是需要用连续的概率密度函数代替观测矩阵来描述其映射关系[173,174]。这种形式的隐马尔可夫模型被称为连续观测隐马尔可夫模型（简称CHMM）。对连续观测的隐马尔科夫模型而言，大部分的输出被描述为高斯分布。

对本章而言，是以气象条件和先前一天已有PM_{10}作为连续观测变量，预测未来24小时的PM_{10}浓度等级。而有研究表明[175]，PM_{10}以及一些气象数据不符合高斯分布的特征，如果运用高斯分布将产生大量误差而导致预测效果很差。而同时，由于高斯混合模型（Gaussian Mixture Model, GMM）在合理增加一定数量的混合数时，理论上讲是可以无限接近任何分布的，因此，使用它作为各个隐状态下观测的概率密度函数是比较合适的。

5.3 马尔可夫链简介

马尔可夫链（Markov Chain）简称马氏链，它是一种重要的离散型随机过程，专门研究无后效条件下时间和状态均为离散的随机转移问题。假如关于时序的随机过程在t_0时刻所在的状态是已知的，在时刻t_0之后的任意时刻所处状态的条件概率分布与其在t_0之前所处的状态是没有关系的。换句话讲，无后效性可以解释为：随机过程$\{X(t)\}$在时刻t_0的状态是已知的条件下，对于过程中，未来所处状态的情况是与过去状态是什么情况无关的。或者说，这种随机过程的未来状态只是通过“现在”与“过去”发生联系，当现在的状态是已知时，则未来状态就和过去的任何状态无关了。这一时序无后效的特性，可以用分布函数清晰地刻画出来。设$\{X(t)\}$的状态空间为χ，如果对时间t的任意n个数值$t_1<t_2<\cdots<t_n, n\geqslant 3$在条件$X(t_i)=x_i, x_i\in\chi, i=1,2,\cdots,n-1$下，$X(t_n)$的条件分布函数恰等于在条件$X(t_{n-1})=x_{n-1}$下$X(t_n)$的条件分布函数，即

$$P\{X(t_n)\leqslant x_n|X(t_1)=x_1, X(t_2)=x_2,\cdots,X(t_{n-1})=x_{n-1}\}=P\{X(t_n)\leqslant x_n|X(t_{n-1})=x_{n-1}\} \tag{5.1}$$

则称过程$\{X(t), t\in T\}$具有马尔可夫性，并称此过程为马尔可夫过程。下面，考虑时间和状态都是离散的随机序列$\{X_n, n=0,1,2,\cdots\}$，设它的状态空间为

$\chi = \{a_1, a_2, \cdots\}$。

如下给出马尔可夫链的基本数学定义：

定义 1 如果对任意的正整数n，r和$0 \leqslant t_1 \leqslant t_2 \leqslant t_r \leqslant m, t_i, m, m+n \in T = \{0,1,2,\cdots\}$，有

$$P\left\{X_{m+n} = a_j | X_{t_1} = a_{i_1}, X_{t_2} = a_{i_2}, \cdots, X_{t_r} = a_{i_r}, X_m = a_i\right\} = P\left\{X_{m+n} = a_j | X_m = a_i\right\} \quad (5.2)$$

其中 $a_{i_k} \in \chi$，则称 $\{X_n, n \geqslant 0\}$ 为马尔可夫链或马氏链，并称 $p_{ij}(m, m+n) = P\left\{X_{m+n} = a_j | X_m = a_i\right\}$为马氏链在时刻$m$处于状态$a_i$的条件下，在时刻$m+n$转移到状态$a_j$的转移概率。

由于链在时刻m从任何一个状态a_i出发，到另一个时刻$m+n$必然转移到$a_1, a_2, \cdots$诸状态中的某一个，所以，$\sum_{j=1}^{m} p_{ij}(m, m+n) = 1, i = 1, 2, \cdots$。由转移概率组成的矩阵$P(m, m+n) = p_{ij}(m, m+n)$称为马氏链的转移概率矩阵。

当转移概率$p_{ij}(m, m+n)$只与i,j及时间间隔n有关时，即

$$p_{ij}(m_1, m_1+n) = P\left\{X_{m_1} + n = a_j | X_{m_1} = a_i\right\} = P\left\{X_{m_2} + n = a_j | X_{m_2} = a_i\right\} = p_{ij}(m_2, m_2+n) \quad m_1, m_2 \geqslant 0 \quad (5.3)$$

称转移概率具有平稳性，同时也称此链是齐次的或关于时序齐次的。我们所讨论的马氏链也都是齐次马氏链。

在时齐的情况下，转移概率可以简记为

$$p_{ij}(n) = P\left\{X_{m+n} = a_j | X_m = a_i\right\} \quad (5.4)$$

$p_{ij}(n)$称为马氏链的n步转移概率，$P(n) = \left[p_{ij}(n)\right]$为$n$步转移概率矩阵。讨论中特别重要的是一步转移概率：

$$p_{ij} = p_{ij}(1) = P\left\{X_{m+1} = a_j | X_m = a_i\right\} \quad (5.5)$$

或由它们组成的一步转移概率矩阵：

$$P = P(1) = \left(p_{ij}\right) = \begin{array}{c} \\ a_1 \\ a_2 \\ \vdots \\ a_i \end{array} \begin{array}{c} \begin{array}{cccc} a_1 & a_2 & \cdots & a_j \end{array} \\ \begin{bmatrix} p_{11} & p_{12} & \cdots & p_{1j} \\ p_{21} & p_{22} & \cdots & p_{2j} \\ \vdots & & & \vdots \\ p_{i1} & p_{i2} & \cdots & p_{ij} \end{bmatrix} \end{array} \quad (5.6)$$

在上述矩阵的左侧和上边标上状态$a_1, a_2, \cdots$是为了显示p_{ij}是由状态经一步转移到状态a_j的概率（由X_m的状态经一步转移到X_{m+1}的状态）。

5.4 隐马尔可夫模型介绍

5.4.1 相关知识介绍

隐马尔可夫模型（Hidden Markov Model）最初是由Baum等学者发表在一系列的统计学论文上的一种统计模型，简写为HMM。它是在之前所提到的马尔可夫链的基础之上衍生而来的，是具有马尔可夫性质的双随机过程，其在语音识别、自然语言处理、生物信息、手势识别还有机器翻译等领域都有极其广泛的应用。

HMM是有关时序的双重随机概率模型，其中一个是潜在的马尔可夫链，即一系列的隐藏状态；另外一个则是由当前隐状态的一个给定马尔可夫链所确定的观测（观测可以是多维变量），也就是某一隐状态的输出结果。隐状态是无法直接被观测到的，但是可以唯一地被观测值所推测出。每一个隐状态在一个时刻会生成一个观测，多个时刻所生成的观测组成了观测序列，与此相对应的是一个生成观测的状态序列。隐马尔可夫模型由其基本三要素，即初始概率分布、状态转移矩阵和观测概率分布所唯一确定。

HMM根据观测变量类别可分为两种类型：离散观测隐马尔可夫模型（DHMM）和连续观测隐马尔可夫模型（CHMM），所以对模型中用于拟合映射关系的参数观测分布B的形式，对于上述两种情况是不同的：离散观测模型的参数B是一个概率矩阵，而连续观测模型的参数B则是一系列概率密度函数。

HMM的形式化定义如下：

设Q为问题中的状态集合，V为问题中的观测集合，

$$Q=\{q_1,q_2,\cdots,q_N\},\quad V=\{v_1,v_2,\cdots,v_M\}$$

其中，N为所有可能的状态总数，M为所有可能的观测总数。I表示长度为T的与时序相关的状态序列，O则表示对应的观测序列。

$$I=\{i_1,i_2,\cdots,i_T\},\quad O=\{o_1,o_2,\cdots,o_T\}$$

用A来表示状态转移矩阵：$A=\left[a_{ij}\right]_{N\times N}$，转移过程如图5-1所示。其中$a_{ij}=P\left(i_{t+1}=q_j|i_t=q_i\right)$，$i=1,2,\cdots,N;j=1,2,\cdots,N$表示在$t$时刻状态为$q_j$的条件下，$t$+1时刻状态转移到$q_j$的概率。

用B来表示观测矩阵：$B=\left[b_j(k)\right]_{N\times M}$其中，$b_j(k)=P\left(o_t=v_k|i_t=q_j\right)$，$k=1,2,\cdots,M$；$j=1,2,\cdots,N$表示$t$时刻状态为$q_j$的条件下产生出观测$v_k$的概率。

π则用来表示初始时刻的状态概率向量：$\pi=(\pi_i)$

其中，$\pi_i=P\left(i_1=q_j\right)$，$i=1,2,\cdots,N$表示$t$=1时刻，也就是序列开始时，状态为$q_j$的概率。

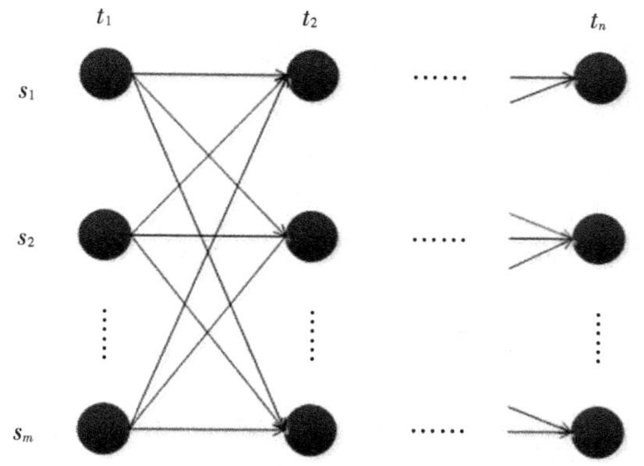

图 5-1　HMM 的转化过程

可以根据初始状态概率向量π、状态转移概率矩阵A和观测概率分布B三要素唯一地确定一个 HMM。π和A两个参数决定的是模型中隐状态的随机序列部分，而B则决定的是可以被观测到的观测随机序列部分。可以用下面的符号来表示一个 HMM，即

$\lambda=(A,B,\pi)$

当给定了转移矩阵A与初始向量π，也就可以确定模型中隐藏的马尔可夫链部分，由此生成无法直接观测到的隐状态序列。B确定观测是怎样由状态所生成的，它与隐状态序列两部分结合起来，得到观测序列是如何产生的。模型训练过程就是对上述参数的计算过程，以确定 HMM 的拓扑结构。

5.4.2　隐马尔可夫模型解决的三个问题

在解决实际问题的过程中，HMM 包含三个基本问题：概率计算问题、预测问题以及学习问题。

1. 概率计算问题

给定$\lambda=(A,B,\pi)$以及$O=\{o_1,o_2,\cdots o_T\}$，计算在给定 HMM 基本要素λ下观测序列O出现的概率$P(O|\lambda)$。这类问题经常出现在语音识别、图像处理等领域当中。

（1）直接计算法

根据上面的问题描述，直接按照相应的概率计算公式进行计算，枚举出每一个长度为T的状态序列，求这些状态序列$I=\{i_1,i_2,\cdots,i_T\}$与观测序列$O=\{o_1,o_2,\cdots,o_T\}$的联合概率$P(O,I|\lambda)$，再将这每一个可能的状态序列进行加和运算，可求得$P(O|\lambda)$。

状态序列$I=\{i_1,i_2,\cdots,i_T\}$的概率为：

$$P(I|\lambda)=\pi_{i_1}a_{i_1i_2}a_{i_2i_3}\cdots a_{i_{T-1}i_T} \tag{5.7}$$

对固定的状态序列$I=\{i_1,i_2,\cdots,i_T\}$，观测序列$O=\{o_1,o_2,\cdots,o_T\}$的概率是$P(O,I|\lambda)$，假设$b_{i_j}(o_t)$之间是相互独立的，则有：

$$P(O|I,\lambda)=b_{i_1}(o_1)b_{i_2}(o_2)\cdots b_{i_T}(o_T) \tag{5.8}$$

O和I同时出现的联合概率为：

$$P(O,I|\lambda)=P(O|I,\lambda)P(I|\lambda)=\pi_{i_1}b_{i_1}(o_1)a_{i_1i_2}b_{i_2}(o_2)\cdots a_{i_{T-1}i_T}b_{i_T}(o_T) \tag{5.9}$$

然后，对所有可能的状态序列I求和，得到观测序列O的概率$P(O|\lambda)$，即

$$P(O|\lambda)=\sum_T P(O|I,\lambda)P(I|\lambda)=\sum_{i_1,i_2,\cdots,i_T}\pi_{i_1}b_{i_1}(o_1)a_{i_1i_2}b_{i_2}(o_2)\cdots a_{i_{T-1}i_T}b_{i_T}(o_T) \tag{5.10}$$

但是，利用公式计算量巨大，时间复杂度为$O(TN^T)$，由此可以看出这种直接计算的方法无法直接推广应用到解决实际问题当中。

下面讲解在实际求解观测序列概率$P(O|\lambda)$当中，真正可行的算法：前向-后向算法（forward-backward algorithm）。

（2）前向算法

定义2 在给定隐马尔可夫模型λ的条件下，定义在时刻t部分观测序列为$o_1,o_2,\cdots,o_t$且状态为q_i的概率为前向概率，记作

$$\alpha_t(i)=P(o_1,o_2,\cdots,o_t,i_t=q_i|\lambda) \tag{5.11}$$

可以递推地求得前向概率$\alpha_t(i)$以及预测序列概率$P(O|\lambda)$。

步骤一：

初值：

$$\alpha_t(i)=\pi_i b_i(o_i),i=1,2,\cdots,N \tag{5.12}$$

步骤二：

递推：对于$t=1,2,\cdots,T-1$，

$$\alpha_{t+1}(i)=\left[\sum_{j=1}^{N}\alpha_t(j)\alpha_{ji}\right]b_i(o_{t+1}),i=1,2,\cdots,N \tag{5.13}$$

步骤三：

终止：

$$p(O|\lambda)=\sum_{i=1}^{N}\alpha_T(i) \tag{5.14}$$

前向算法的步骤如图5-2所示。

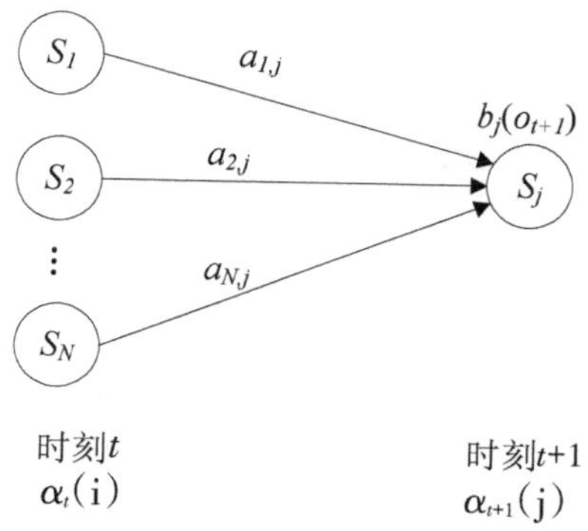

图5-2　前向算法递推过程

这样，利用前向概率计算$P(O|\lambda)$的计算量是$O(TN^2)$阶的，远远低于直接计算时的$O(TN^T)$。

（3）向后算法

定义3　给定隐马尔可夫模型λ，定义在时刻t状态为q_i的条件下，从$t+1$到T的部分观测序列为$o_{t+1},o_{t+2},\cdots,o_T$的概率为后向概率，表示为公式（5.15）。

$$\beta_t(i)=P(o_{t+1},o_{t+2},\cdots,o_T|i_t=q_i,\lambda) \tag{5.15}$$

可以递推地求得后向概率$\beta_t(i)$以及预测序列概率$P(O|\lambda)$。

步骤一：

初值：

$$\beta_T(i)=1,i=1,2,\cdots,N \tag{5.16}$$

步骤二：

递推：对于$t=1,2,\cdots,T-1$，

$$\beta_t(i)=\sum_{j=1}^{N}\alpha_{ij}b_j\left(o_{t+1}\right)\beta_{t+1}(j),i=1,2,\cdots,N \tag{5.17}$$

步骤三：

终止：

$$P(O|\lambda)=\sum_{i=1}^{N}\pi_i b_i(o_1)\beta_1(i) \tag{5.18}$$

后向算法的步骤如图5-3所示。

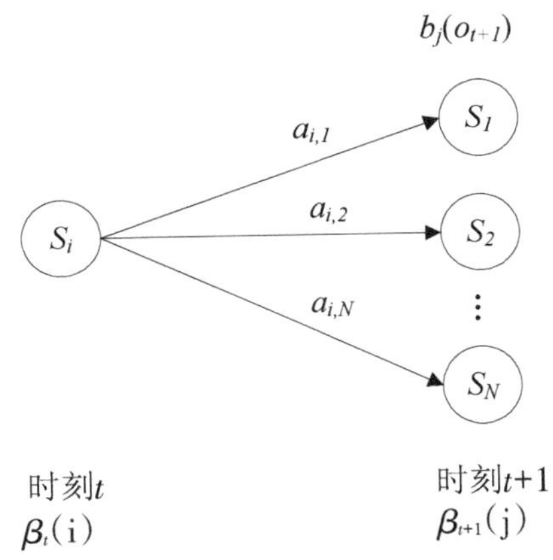

图 5-3　前后算法递推过程

（4）利用前向概率和后向概率求得$P(O|\lambda)$

利用前向概率和后向概率的定义，我们可以将观测序列概率$P(O|\lambda)$统一地写为：

$$P(O|\lambda) = P\sum_{i=1}^{N}\sum_{j=1}^{N}\alpha_i(i)a_{ij}b_j(o_{t+1})\beta_{t+1}(j),\quad t = 1,2,\cdots,T-1 \tag{5.19}$$

当$t = 1$和$t = T - 1$的时候分别为公式（5.14）和公式（5.18）。用此前向–后向计算公式计算$P(O|\lambda)$时，时间复杂度大大缩小，时间复杂度只有$O(N^M)$。

2. 预测问题

假设 HMM 基本要素$\lambda = (A,B,\pi)$以及观测序列$O = \{o_1,o_2,\cdots,o_T\}$是已知的，求解指定观测序列下，生成这组观测序列的最大条件概率的状态序列，也就是说，求最有可能生成这组观测的状态序列。这也是在语音识别、手势验证等领域被广泛应用的算法。

在叙述问题之前，首先需要定义两个变量：在时刻t状态为i的所有单个路径中概率最大值和在时刻t状态为i的所有单个路径中概率最大的路径的第$t - 1$个结点：

$$\delta_t(i) = \max_{i_1,i_2,\cdots,i_{t-1}} P(i_t = i, i_{t-1},\cdots,i_1,o_{t+1},\cdots,o_1|\lambda),\quad i = 1,2,\cdots,N \tag{5.20}$$

$$\psi_t(i) = \arg\max_{1\leqslant j\leqslant N}\left[\delta_{t-1}(j)a_{ji}\right], i = 1,2,\cdots,N \tag{5.21}$$

由上述定义可得的递推公式可以表示为：

$$\delta_{t+1}(i) = \max_{i_1,i_2,\cdots,i_t} P(i_{t+1} = i, i_t,\cdots,i_1,o_{t+1},\cdots,o_1|\lambda) = \max_{1\leqslant j\leqslant N}\left[\delta_t(j)a_{ji}\right]b_i(o_{t+1}), i = 1,2,\cdots,N \tag{5.22}$$

步骤一：

初始化：

$$\delta_1(i)=\pi_i b_i(o_1),\psi_1(i)=0,i=1,2,\cdots,N \tag{5.23}$$

步骤二：

递推（对$t=2,3,\cdots,T$）：

$$\begin{aligned}\delta_t(i)&=\max_{1\leqslant j\leqslant N}\left[\delta_{t-1}a_{ji}\right]b_i(o_t),i=1,2,\cdots,N\\ \psi_t(i)&=\arg\max_{i\leqslant j\leqslant N}\left[\delta_{t-1}a_{ji}\right],i=1,2,\cdots,N\end{aligned} \tag{5.24}$$

步骤三：

终止：

$$\begin{aligned}p^*&=\max_{1\leqslant i\leqslant N}\delta_T(i)\\ i_T^*&=\arg\max_{1\leqslant i\leqslant N}\left[\delta_T(i)\right]\end{aligned} \tag{5.25}$$

步骤四：

最优路径回溯（对$t=T-1,T-2,\cdots,1$）：

$$i_t^*=\psi_{t+1}(i_{t+1}^*) \tag{5.26}$$

最终，可通过步骤四求得最优路径$I^*=(i_1^*,i_2^*,\cdots,i_T^*)$。

3.学习问题

问题描述为假设给定一组观测序列，求建立相应HMM下的相关参数，使得模型在这些参数估计下，生成这组给定观测的概率最大，这也就是参数估计中经典的极大似然估计的思想。

假设有S个长度为T的观测序列$O=\{o_1,o_2,\cdots,o_S\}$在训练数据集是已给定的，但是相应的状态序列是未知的，而此类问题的主旨在于学习模型$\lambda=(A,B,\pi)$中所有的相关参数进而得到模型。状态序列表示的就是模型的隐变量，那么HMM实际上是一个含有隐变量的概率模型。

$$P(O|\lambda)=\sum_I P(O|I,\lambda)P(I|\lambda) \tag{5.27}$$

它的参数学习即带有隐变量的学习问题，可以由Baum-Welch（EM）算法来求得。

（1）Baum-Welch算法（EM算法）

Baum-Welch算法本质上来讲，是概率论中极大似然估计方法的应用，其思想是生成参数使得已出现序列的概率最大。通过反复迭代，不断更新模型参数，逐步接近局部最优解。当经过有限次的迭代之后，参数变化趋于稳定（变化非常小的时候），迭代结束，参数估计完成。

首先，我们定义两个之后推导将会用到的变量：

$$\begin{aligned}\gamma_t(i) &= P\left(i_t = q_i | O,\lambda\right)\\ \xi_t(i,j) &= P(i_t = q_i, i_{t+1} = q_j | O,\lambda)\end{aligned} \tag{5.28}$$

其中$\gamma_t(i)$表示在给定模型λ和观测O的条件之下，时刻t处于状态q_i的概率；$\xi_t(i,j)$则表示在给定模型λ和O的条件下，时刻t处于状态q_i并且在时刻$t+1$转移到状态q_i的概率。

根据之前所定义的前向概率和后向概率可以推导出上述两个变量的计算公式如公式（5.29）（推导过程省略）：

$$\begin{aligned}\gamma_t(i) &= \frac{\alpha_t(i)\beta_t(i)}{P(O|\lambda)} = \frac{\alpha_t(i)\beta_t(i)}{\sum_{j=1}^{N}\alpha_t(i)\beta_t(i)}\\ \xi_t(i,j) &= \frac{P(i_t = q_i, i_{t+1} = q_j, O|\lambda)}{\sum_{i=1}^{N}\sum_{j=1}^{N}P(i_t = q_i, i_{t+1} = q_j, O|\lambda)} = \frac{\alpha_t(i)a_{ij}b_j(o_{t+1})\beta_{t+1}(j)}{\sum_{i=1}^{N}\sum_{j=1}^{N}\alpha_t(i)a_{ij}b_j(o_{t+1})\beta_{t+1}(j)}\end{aligned} \tag{5.29}$$

利用Baum-Welch算法推导出的HMM的参数可以用上述两个变量表示如下：

$$\begin{aligned}a_{ij} &= \frac{\sum_{t=1}^{T-1}\xi_t(i,j)}{\sum_{t=1}^{T-1}\gamma_t(i)}\\ b_j(k) &= \frac{\sum_{t=1,o_t=v_k}^{T}\gamma_t(j)}{\sum_{t=1}^{T}\gamma_t(j)}\\ \pi_i &= \gamma_1(i)\end{aligned} \tag{5.30}$$

所以，依然可以用三个步骤表示Baum-Welch算法：

步骤一：

初始化：

对$n=0$，选取$a_{ij}^{(0)}$，$b_j(k)^{(0)}$，$\pi_i^{(0)}$，得到模型$\lambda^{(0)} = \left[A^{(0)},B^{(0)},\pi^{(0)}\right]$。

步骤二：

递推（对n=2,3,⋯）：

$$a_{ij}^{n+1}=\frac{\sum_{t=1}^{T-1}\xi_t(i,j)}{\sum_{t=1}^{T-1}\gamma_t(i)}$$

$$b_j(k)^{n+1}=\frac{\sum_{t=1,o_t=v_k}^{T}\gamma_t(j)}{\sum_{t=1}^{T}\gamma_t(j)} \tag{5.31}$$

$$\pi_i^{n+1}=\gamma_1(i)$$

右端各值按照观测$O=\{o_1,o_2,\cdots,o_T\}$和模型$\lambda^{(n)}=\left[A^{(n)},B^{(n)},\pi^{(n)}\right]$计算。

步骤三：

终止：

得到模型的参数$\lambda^{(n+1)}=\left[A^{(n+1)},B^{(n+1)},\pi^{(n+1)}\right]$。

5.4.3　连续观测隐马尔可夫模型定义

连续观测隐马尔可夫模型的定义形式和变量与之前介绍的普遍离散观测型的隐马尔可夫模型相似，也是由隐变量和观测变量组成的双随机过程。它们的区别在于观测参数B：离散型观测的观测矩阵是一个离散的矩阵，而对于连续型观测的隐马尔可夫模型，其B则是用一组连续的概率函数来表示的。

$$B=\left\{b_j(o)|b_j(o)=b_{O_t|I_t}(O|I_t=q_j)\right\} \tag{5.32}$$

其中，$b_{O_t|I_t}(O|I_t=q_j)$表示在$I_t=q_j$的条件下，O_t的条件概率密度，它满足条件：

$$\oint_v b_j(o)\mathrm{d}o=1 \tag{5.33}$$

5.4.4　连续观测隐马尔可夫参数介绍

π是初始状态概率向量：$\pi=(\pi_i)$；

A 是状态转移矩阵：$A=\left[a_{ij}\right]_{N*N}$，转移过程如图 5-1 所示。其中 $a_{ij}=P\left(i_{t+1}=q_j|i_t=q_i\right)$，$i=1,2,\cdots,N;j=1,2,\cdots,N$表示在$t$时刻状态为$q_i$的条件下，$t+1$时刻状态转移到$q_j$的概率。

N：模型的状态数，可用$Q=\{q_1,q_2,\cdots,q_N\}$表示，与之前所描述的一致。

M：表示每一个隐状态下的混合数，用以下混合矩阵来表示：

$$\begin{bmatrix} X_{11} & X_{12} & \cdots & X_{1M} \\ X_{21} & X_{22} & \cdots & X_{2M} \\ \vdots & & & \vdots \\ X_{N1} & X_{N2} & \cdots & X_{NM} \end{bmatrix}_{N*M}$$

其中，x_{nm}表示状态q_n下的第m个混合数。

权值矩阵C:

$$\begin{bmatrix} C_{11} & C_{12} & \cdots & C_{1M} \\ C_{21} & C_{22} & \cdots & C_{2M} \\ \vdots & & & \vdots \\ C_{N1} & C_{N2} & \cdots & C_{NM} \end{bmatrix}_{N*M}, C_{nm} \geqslant 0, \sum_{m=1}^{M} C_{nm} = 1$$

其中，c_{nm}表示状态q_n下的第m个高斯混合密度函数的权重。

均值向量μ:

$$\begin{bmatrix} \overrightarrow{\mu}_{11} & \overrightarrow{\mu}_{12} & \cdots & \overrightarrow{\mu}_{1M} \\ \overrightarrow{\mu}_{21} & \overrightarrow{\mu}_{22} & \cdots & \overrightarrow{\mu}_{2M} \\ \vdots & & & \vdots \\ \overrightarrow{\mu}_{N1} & \overrightarrow{\mu}_{N2} & \cdots & \overrightarrow{\mu}_{NM} \end{bmatrix}_{N \times M}$$

其中，$\overrightarrow{\mu}_{nm}$表示状态$q_n$下第$m$个高斯混合密度函数的$d$维均值向量。

协方差矩阵U可表示为如下矩阵：

$$\begin{bmatrix} U_{11} & U_{12} & \cdots & U_{1M} \\ U_{21} & U_{22} & \cdots & U_{2M} \\ \vdots & & & \vdots \\ U_{N1} & U_{N2} & \cdots & U_{NM} \end{bmatrix}_{N \times M}$$

其中，U_{nm}指在状态q_n下，第m个混合的概率密度函数的协方差。

假设观测序列是根据高斯密度函数产生的，那么，观测序列密度函数则可以由公式（5.34）所表示：

$$b_{t,n}^{(k)} = \sum_{m=1}^{M} c_{nm} b_{t,nm}^{(k)} = \sum_{m=1}^{M} c_{nm} \times \frac{\exp\left\{-0.5\left[\overrightarrow{o}_t^{(k)} - \overrightarrow{\mu}_{nm}\right]^T U_{nm}^{-1}\left[\overrightarrow{o}_t^{(k)} - \overrightarrow{\mu}_{nm}\right]\right\}}{2\pi\sqrt{|U_{nm}|}} \tag{5.34}$$

其中，$b_{t,nm}^{(k)}$表示观测向量$\overrightarrow{o}_t^{(k)}$在混合数$x_{nm}$处的高斯概率密度函数。并且与前面所描述的所一致，$b_{t,n}(x)$需要满足式（5.34）所示的约束条件：

$$\int_{-\infty}^{\infty} b_{t,n}(x)dx = 1, 1 \leqslant n \leqslant N \tag{5.35}$$

所以，CHMM既可以用上文所讲到的三元组所表示，也可用更为具体的五元组$\lambda =$（A，C，π，μ，U）来表示。与离散情况有一些区别的是，A与π所确定和生成的部分与前面一致。而需要特别指出的是，C，μ，U三个参数确定了如何由状态生成观测，与状态序列结合起来确定了观测序列是怎么样产生的。模型训练过程就是对上述参数的计算过程，以确定HMM的拓扑结构。

5.5 基于CHMM的提前24小时预测模型

5.5.1 模型选取

目前有很多种建模技术被应用在悬浮颗粒物浓度的预测上，这些模型大体上可以归结为两类：机械模型和数据驱动模型。一般情况下，机械模型能明确地描述悬浮颗粒物的形成过程，而且被广泛应用于空气质量的预测当中。但是，在这些模型中有许多比较重要的近似方程，其中包括估测排放源中的不确定因素，这使得此类相关模型必须通过现场测试来保证模型的较好效果。而更多数量的数据驱动模型旨在建立悬浮颗粒物浓度数据与气象条件数据之间的映射关系。这种数据驱动模型也是时下比较流行的，主要包括回归树、时间序列分析、模糊系统建模和人工神经网络等等。

这些模型在合理预测悬浮颗粒物浓度的同时，只考虑了悬浮颗粒物和气象条件数据之间的相关性，换言之，悬浮颗粒物形成过程的因果关系却被许多现有的数据驱动模型所忽略，这可能会导致模型无法捕获到其形成过程的时间特性。因此，为了正确地对悬浮颗粒物的行为建模，预测模型中，悬浮颗粒物浓度与气象条件数据的相关性和其形成过程的因果关系都是需要被考虑到的。而隐马尔可夫模型正好可以满足上述要求，它通过状态转移矩阵来捕获因果关系，通过观测变量分布（排放分布）获取相关性。所以本书对兰州市PM_{10}浓度预测选取了隐马尔可夫模型作为基本模型，建立了以PM_{10}浓度等级为隐状态、气象条件数据作为观测的函数映射关系，这种映射关系将时序特性同时也考虑在其中。

还需要说明的是，气象条件数据作为观测数据，建模过程中将会大量地运用到气象条件数据。而收集到的气象条件数据都是连续变量的离散值，而非离散变量。虽然可运用诸如适量量化等方式对其进行离散化处理，但是会产生相当可观的量化误差。所以，运用连续观测的隐马尔可夫模型是相对比较合适的，这可有效地避免量化误差的产生从而提高模型预测的准确性。

对大多数情况下连续观测的隐马尔可夫模型来讲，观测输出被认为可用高斯分布来描述（根据大数定律，这是可行的）。而对本书而言，是以相应的气象条件和先前一天已有PM_{10}作为观测输出，建立连续观测隐马尔可夫模型，预测未来24小时的PM_{10}污染浓度等级。根据相关研究所述，PM_{10}浓度以及一些气象条件数据不符合高斯分布的特征，如果运用高斯分布将产生较大误差而导致预测效果很差。

根据理论部分所介绍，高斯混合模型在尽可能增加混合数的条件下，理论上是可以无限逼近任意分布的，因此，本书选取它作为各个隐状态下多维连续观测变量的概率密度函数是可行的。

5.5.2 模型概述及数据集简介

本书根据兰州市PM_{10}浓度的数据分布，并且依据国家PM_{10}浓度等级标准，使用不同的PM_{10}浓度范围表示隐状态，将兰州市PM_{10}浓度范围划分为三个等级，如表5-1所示。通过统计训练数据集中从一个时刻的PM_{10}浓度等级转移到下一个时刻PM_{10}浓度等级的个数的方式，计算出相应的转移概率，用以表示状态转移矩阵计算的依据。

表5-1 兰州市PM10浓度等级划分

PM_{10}浓度等级	隐状态
$PM_{10}<0.1$	S_A
$0.1\leq PM_{10}<0.15$	S_B
$PM_{10}\geq 0.15$	S_C

运用预定义好的浓度等级所表示的三种隐状态，基于连续观测隐马尔可夫模型的理论知识，在后续章节的分析和实验中，本书使用2007—2010年夏季兰州市的气象条件数据和PM_{10}污染数据作为训练数据集，如上节所述，选取连续观测隐马尔可夫模型作为基本模型，在此基础之上建立了兰州市夏季PM_{10}浓度等级提前24小时预测模型。然后，通过2011年兰州夏季的测试集数据，来验证预测模型的有效性和准确性。

按照之前所描述的等级划分，图5-4显示了2007—2010年夏季日平均PM_{10}浓度等级变化趋势，由此可以看出大部分时间的浓度都处在较低水平，只有少部分天数浓度呈较高等级。如果能准确预测到这些少部分天数，将有助于人们提早预防雾霾天气，合理安排出行，减少对健康的损害。

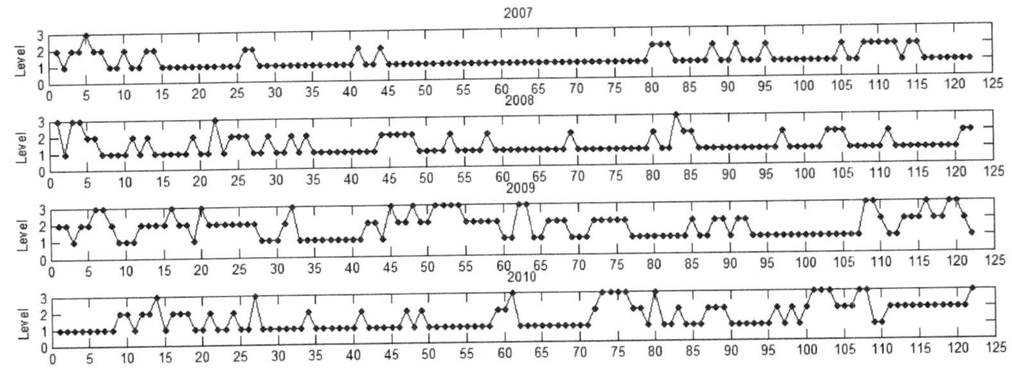

图5-4 2007—2010年兰州夏季(6—9月)PM_{10}等级变化趋势

根据模型的建立过程，我们绘制了预测模型搭建的整体流程图（如图5-5所示），依照流程图的步骤有序完成预测模型的建立。

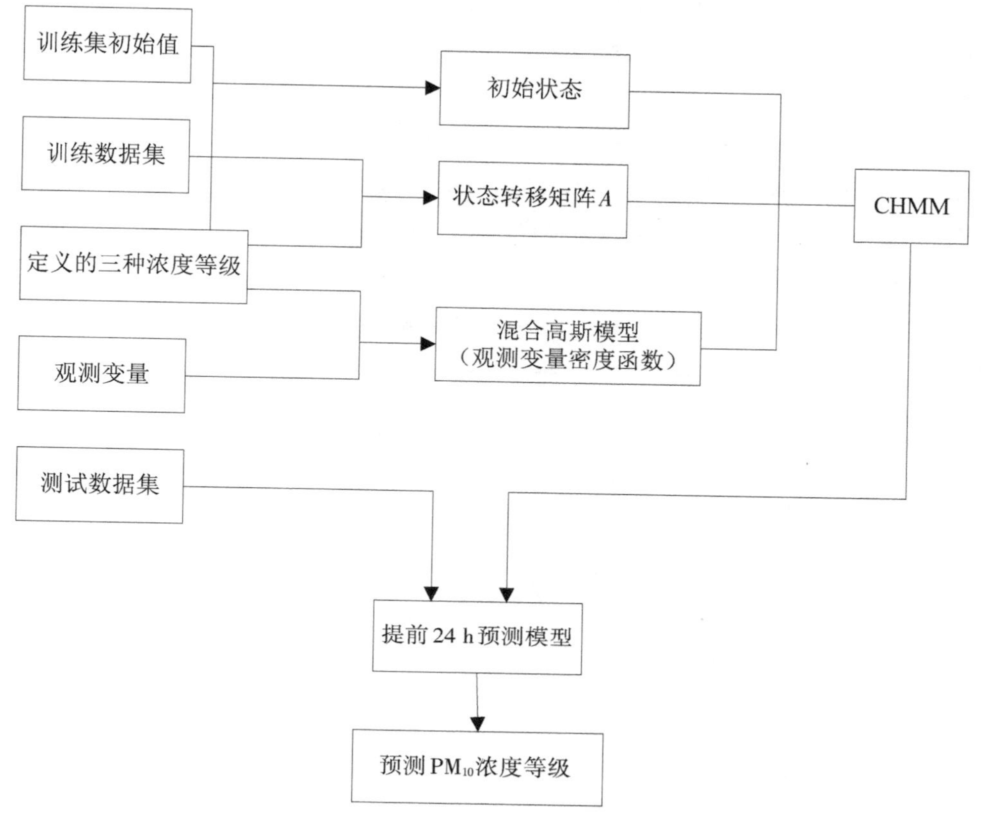

图5-5　模型整体流程图

5.5.3　观测变量分析与选取

前面已经提到，本书是选取了气象条件数据和前一天的PM_{10}浓度作为连续观测隐马尔可夫模型的观测变量，但是在如温度、风速、相对湿度、气压等气象条件中，选取哪些比较合理、更有利于模型的正确建立是有必要考虑的。本节中，将详述模型相应观测变量的选取。

首先，需要说明的是，在污染源相同的情况下，大量研究结果表明[176]，地形地貌和气象条件是影响污染物质量浓度时空分布的主要因素。

文献详细分析了PM_{10}浓度与气象条件的相关性，其中包括温度、风速、相对湿度、降水量。兰州PM_{10}浓度普遍与相对湿度、降水量和风速具有相关性，其中，风速对PM_{10}浓度稀释有着至关重要的作用。而针对夏季而言，其又与温度有显著的相关性。基于以上分析，本书选取温度、风速、相对湿度以及前一天的污染值为观测变量来构建模型。因为兰州夏季降雨量非常少，不足以呈现连续分布，而几乎可认为是离散的。选择此观测变量将极大地影响模型的建立，所以本书没有加入降水量为观测变量。

三种PM_{10}浓度等级下，温度的概率密度函数分布如图5-6所示。其中，S_A下的密度函数具有明显的对称性，分布也相对比较均匀。而S_B下的密度函数也具有可见的对称性。

随着PM_{10}浓度的增加，温度所呈现的概率密度分布有着显著变化，曲线明显地向中间靠近，分布从两边靠拢21 ℃左右，也就是说PM_{10}浓度较高的时候温度普遍分布在21 ℃左右，符合于兰州夏季普遍高温。所以温度对PM_{10}浓度的增减有着十分重要的作用。

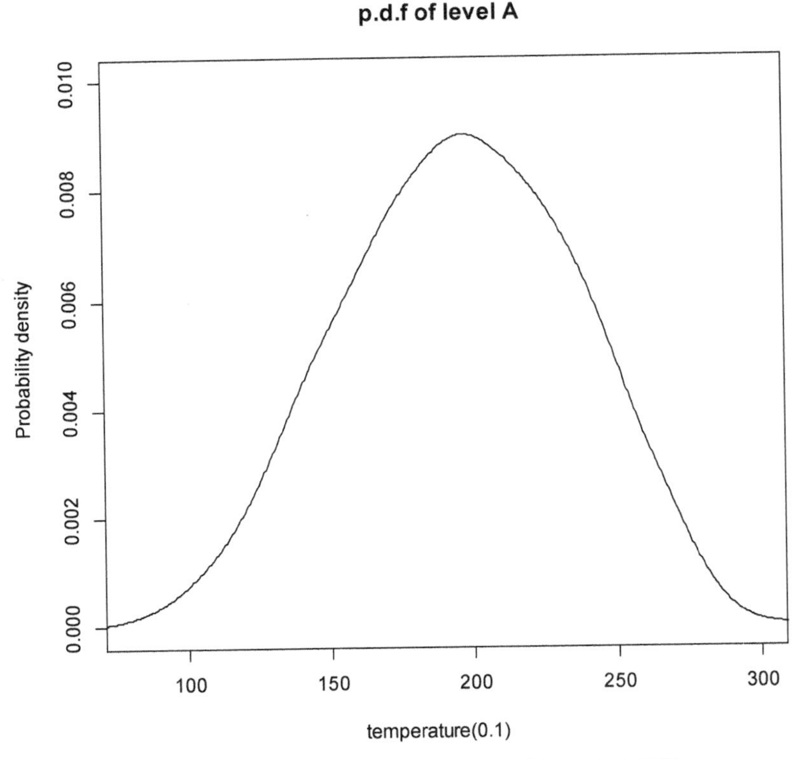

图5-6　温度在三种不同PM_{10}浓度下的概率密度函数

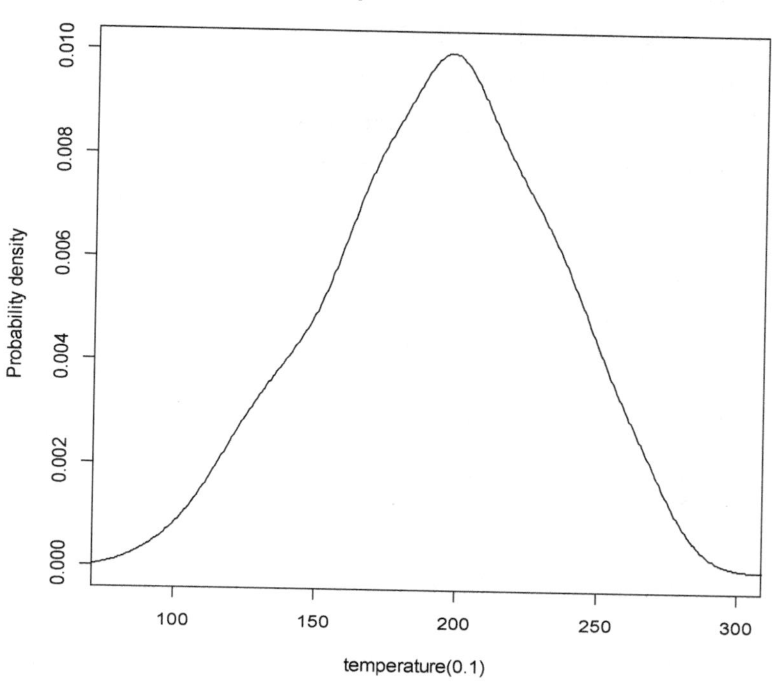

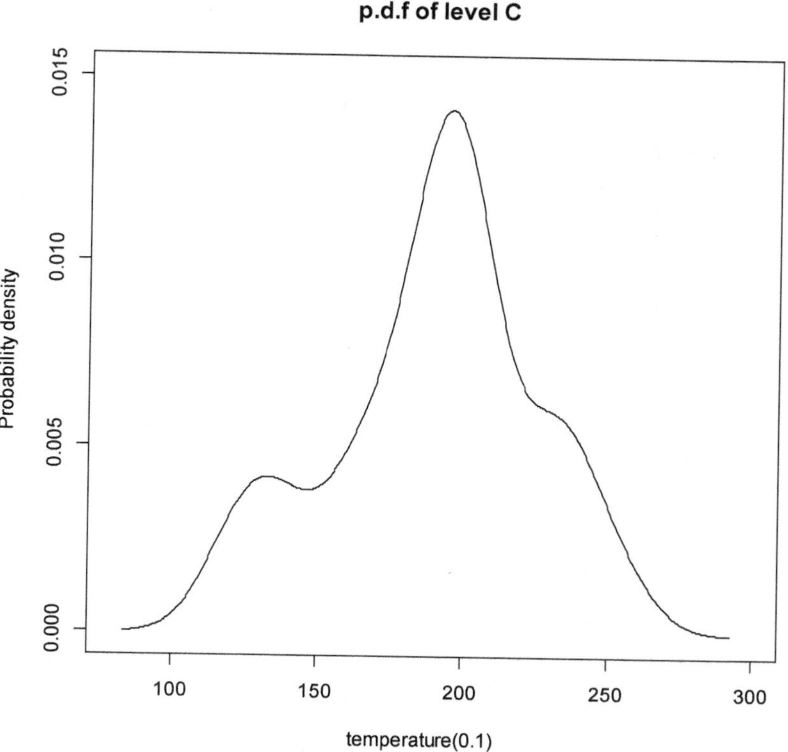

续图5-6　温度在三种不同PM_{10}浓度下的概率密度函数

三种PM_{10}浓度等级下，相对湿度的概率密度函数分布如图5-7所示。从三幅图中可以看出，三种浓度等级下相对湿度的概率密度函数是有相似性的，都表现出右偏态分布的性状。S_B下的密度函数较之S_A下的变化不是十分明显。

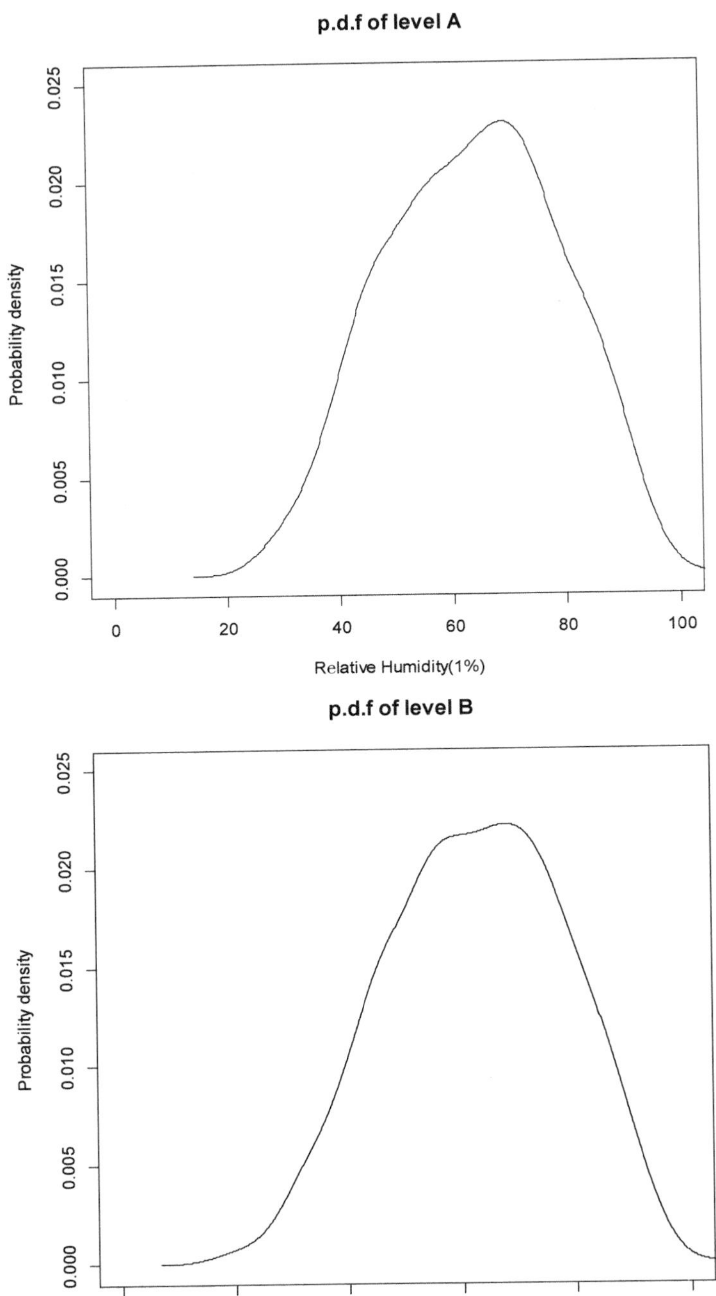

图5-7 相对湿度在三种不同PM_{10}浓度下的概率密度函数

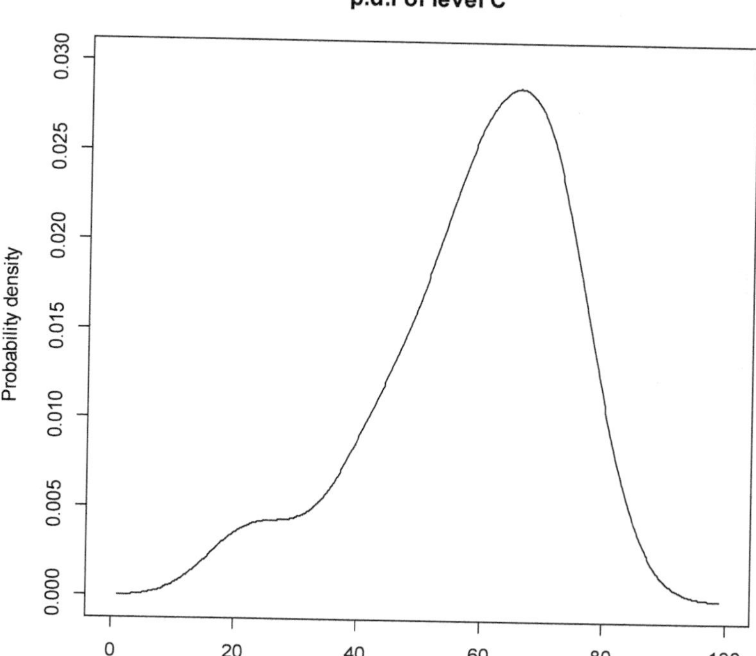

续图 5-7　相对湿度在三种不同 PM_{10} 浓度下的概率密度函数

S_C 下湿度的概率密度函数分布较之前两个 PM_{10} 浓度等级下的密度函数也有明显的右偏移变化，从图 5-7 可以看出污染重的时间段分布在相对湿度也偏中高的时候，不过相比没有温度分布变化明显。

风速在三种 PM_{10} 浓度等级下的概率密度分布如图 5-8 所示，随着 PM_{10} 浓度的增加，S_C 下风速的密度函数较前两个浓度等级下的密度函数分布没有显著变化。但是，从图 5-8 中可以看出，大部分 PM_{10} 高浓度的情况几乎都发生在风速较低的时间段，这与之前所描述的相一致。

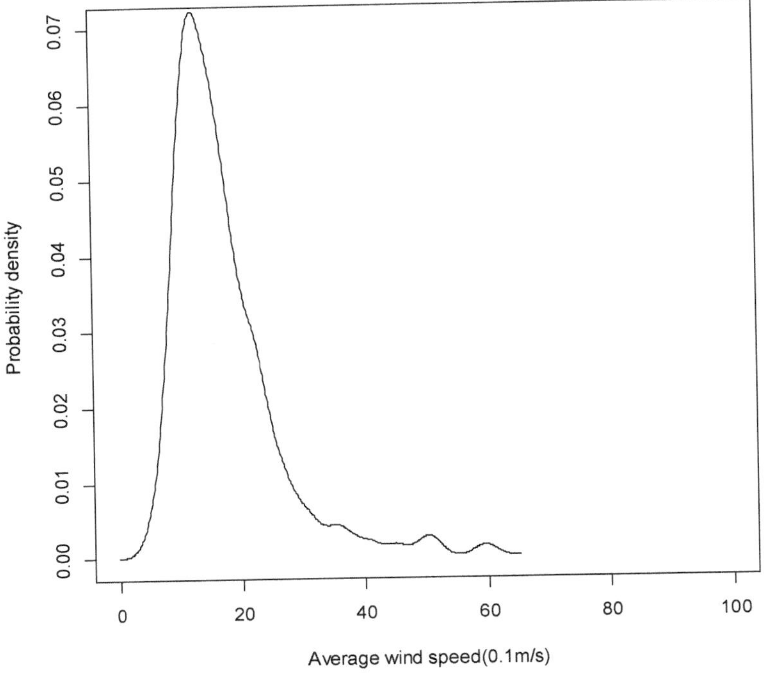

p.d.f of level B

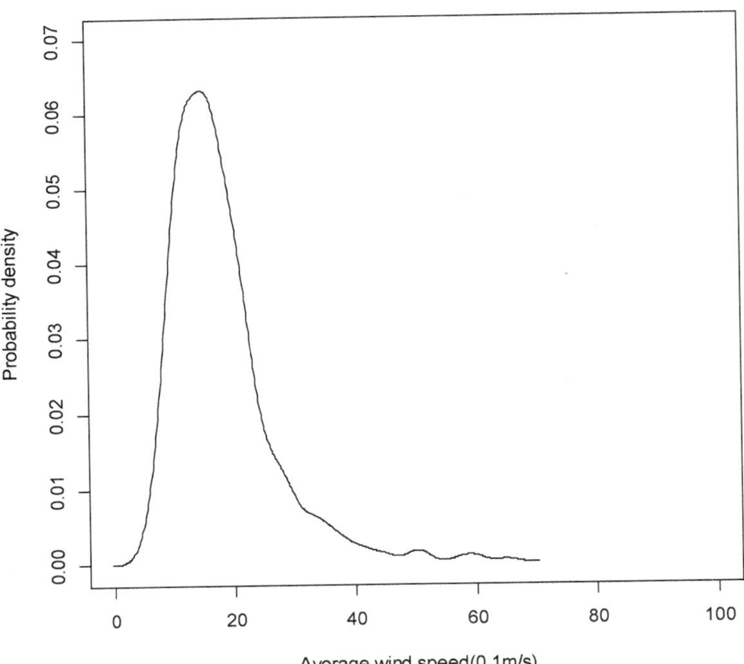

图5-8　风速在三种不同PM_{10}浓度下的概率密度函数

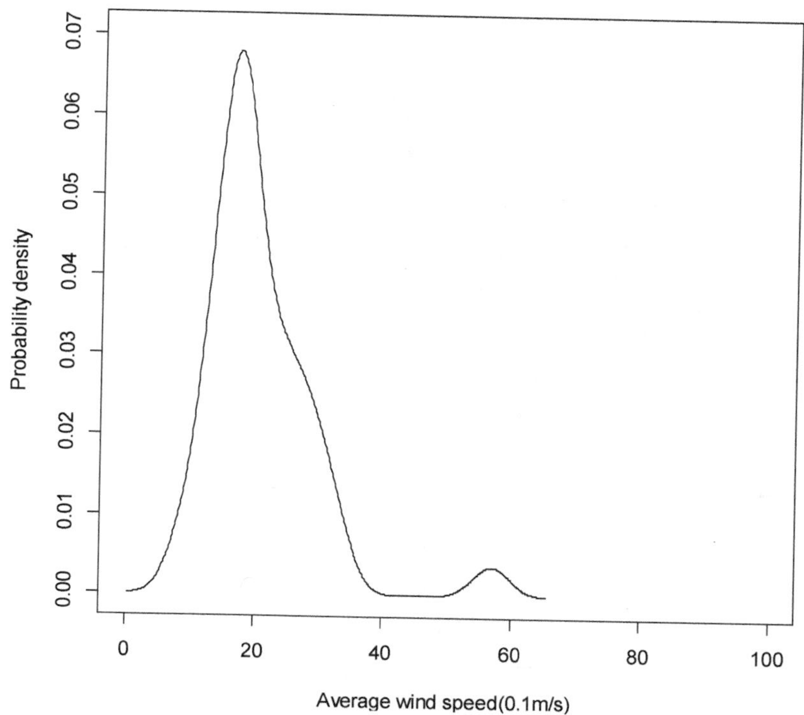

续图5-8　风速在三种不同PM_{10}浓度下的概率密度函数

5.5.4　连续观测隐马尔可夫模型(CHMM)建立

在这一节当中，我们讲解如何得到连续观测隐马尔可夫模型中的基本参数，即模型的建立过程。

（1）隐状态集合是HMM中最基本的组成部分，如表5-2所示，我们汇总统计了每个隐状态划分的总数和其在所有训练数据中所占的比例。

表5-2　测试数据集中各个隐状态数量及其所占比例

隐状态	总数	百分比
S_A	306	62.7%
S_B	144	29.5%
S_C	38	7.8%

（2）确定状态转移矩阵A和观测变量转移概率密度函数

首先，我们计算了训练数据当中从一个状态转移到另一个状态的数量，并运用以下公式来表示矩阵的计算过程：

$$a(i,j)=S_i\rightarrow S_j, 1\leqslant i\leqslant N, 1\leqslant j\leqslant N$$

$$A(i,j)=\frac{a(i,j)}{\sum_{j=1}^{N}a(i,j)} \tag{5.36}$$

根据公式，我们可以计算出状态转移矩阵A，如表5-3所示。不仅如此，我们可根据表5-3获知，此HMM的隐状态转移过程如图5-9所示。

表5-3　根据2007—2010年夏季数据所计算得到的状态转移矩阵

	S_A	S_B	S_C
S_A	0.7862	0.1842	0.0296
S_B	0.3986	0.5035	0.0979
S_C	0.2432	0.3784	0.3784

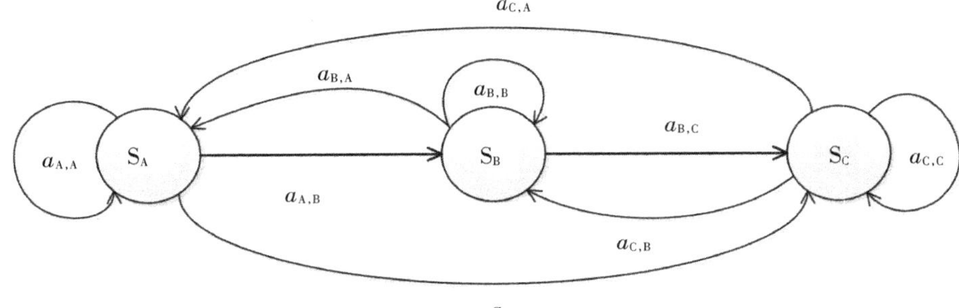

图5-9　本书模型中三个隐状态之间的转移过程

然后，我们需要计算观测变量转移概率密度函数。正如我们之前所说的，连续观测隐马尔可夫模型中，代替观测矩阵B的是一系列连续的概率密度函数。与离散的情况有所不同，对于d维连续信号，在任何时间t，观测变量是一个d维向量。观测序列$O=\{o_1,o_2,\cdots,o_T\}$实际上是一个向量序列。正如之前所讲，因为PM_{10}以及一些气象数据不符合高斯分布的特征，所以选取高斯混合模型作为多维连续观测的概率密度函数，即：

$$b_j(o_t)=\sum_{m=1}^{M_j}w_{j,m}b_{j,m}(o_t)=\sum_{m=1}^{M_j}w_{j,m}g(o_t,\mu_{j,m},\Sigma_{j,m}) \tag{5.37}$$

这里设定各个隐状态下具有相同的混合数。

$$b_{j,m}=N(o_t,\mu_{j,m},\Sigma_{j,m})=\frac{1}{\sqrt{(2\pi)^D\left|\Sigma_{j,m}\right|}}\exp\left(-\frac{1}{2}(o_t-\mu_{j,m})^T\sum_{j,m}^{-1}(o_t-\mu_{j,m})\right) \tag{5.38}$$

公式（5.38）是多元高斯分布的概率密度函数，本模型中，因为观测是含有温度、风速等的四个变量，所以上述公式在本模型中是四元的高斯密度函数。从公式（5.37）中可以看出用此公式拟合观测的概率密度函数主要有四个参数需要求解：

①每一个隐状态下的混合数M；

②权值矩阵C，即隐状态下各个混合密度函数所占的权重；

$$\begin{bmatrix} C_{11} & C_{12} & \cdots & C_{1M} \\ C_{21} & C_{22} & \cdots & C_{2M} \\ \vdots & & & \vdots \\ C_{N1} & C_{N2} & \cdots & C_{NM} \end{bmatrix}_{N\times M}, C_{nm} \geqslant 0, \sum_{m=1}^{M} C_{nm} = 1$$

③均值矢向量μ，即四个观测变量组成的多元高斯密度函数的均值向量；

$$\begin{bmatrix} \overrightarrow{\mu_{11}} & \overrightarrow{\mu_{12}} & \cdots & \overrightarrow{\mu_{1M}} \\ \overrightarrow{\mu_{21}} & \overrightarrow{\mu_{22}} & \cdots & \overrightarrow{\mu_{2M}} \\ \vdots & & & \vdots \\ \overrightarrow{\mu_{N1}} & \overrightarrow{\mu_{N2}} & \cdots & \overrightarrow{\mu_{NM}} \end{bmatrix}_{N\times M}$$

④还有协方差矩阵U，即四个观测变量组成的多元高斯密度函数的协方差矩阵。

$$\begin{bmatrix} U_{11} & U_{12} & \cdots & U_{1M} \\ U_{21} & U_{22} & \cdots & U_{2M} \\ \vdots & \vdots & \vdots & \vdots \\ U_{N1} & U_{N2} & \cdots & U_{NM} \end{bmatrix}_{N\times M}$$

我们使用EM算法对参数进行迭代估计（推导过程略），定义变量$\gamma_t(j,m)$为在给定模型参数λ和观测序列O的条件下，t时刻模型处于状态q_j并且对应该状态下的第m个高斯分布的联合概率：

$$\gamma_t(j,m) = P(i_t = q_j, x_{j,t} = X_{j,m} | O, \lambda) \tag{5.39}$$

其中，$x_{j,t}$表示t时刻状态q_j的高斯分布，$X_{j,m}$表示状态q_j的第m个高斯分布。$\gamma_t(j,m)$可以使用前向变量和后向变量求得：

$$\gamma_t(j,m) = \frac{\alpha_t(j)\beta_t(j)}{\sum_{i=1}^{N}\alpha_t(i)\beta_t(i)} \times \frac{w_{j,m}N(o_t, \mu_{j,m}, \Sigma_{j,m})}{\sum_{n=1}^{M} w_{j,n}N(o_t, \mu_{j,n}, \Sigma_{j,n})} \tag{5.40}$$

根据变量$\gamma_t(j,m)$，运用公式（5.41）迭代可以权值$w_{j,m}$、均值向量$\mu_{j,m}$和协方差矩阵$\Sigma_{j,m}$。

$$w_{j,m}=\frac{\sum_{t=1}^{T}\gamma_t(j,m)}{\sum_{t=1}^{T}\sum_{n=1}^{M}\gamma_t(j,n)}$$

$$\mu_{j,m}=\frac{\sum_{t=1}^{T}\gamma_t(j,m)o_t}{\sum_{t=1}^{T}\gamma_t(j,m)} \tag{5.41}$$

$$\Sigma_{j,m}=\frac{\sum_{t=1}^{T}\gamma_t(j,m)(o_t-\mu_{j,m})(o_t,\mu_{j,m})^T}{\sum_{t=1}^{T}\gamma_t(j,m)}$$

5.5.5　预测模型建立

对于模型最核心的预测部分，我们的方法是基于连续观测隐马尔可夫模型的提前24小时预测法。预测算法流程图如图5-10所示：

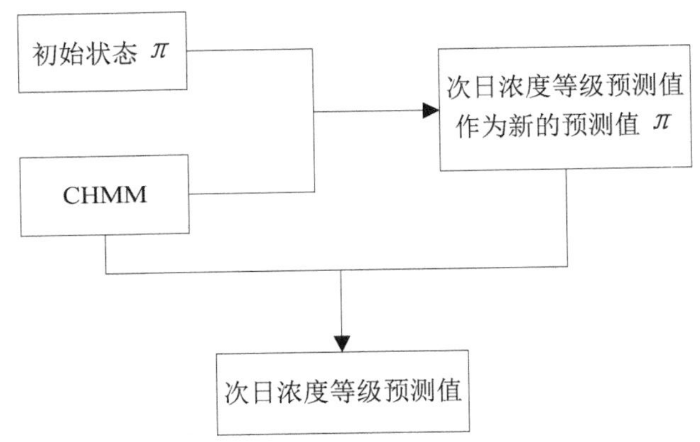

图5-10　预测模型的流程图

在确定了CHMM的基本参数之后，也就得到解基本模型。接下来我们的目的是在此模型的基础上解决PM_{10}浓度等级的预测问题。假设在$t-1$时刻的隐状态是已知的，我们的目的是预测t时刻的隐状态。设向量$\{S_X,S_Y,S_Z\}$，其中$t-1$时刻的状态是S_X。如此，我们可以将初始概率向量表示为{1，0，0}，即假定初始时，由$t-1$时刻的真实浓度等级作为初始概率向量π的值，代入已经建立的CHMM预测次日的PM_{10}浓度等级，然后，用新预测出的浓度等级作为下一次预测的初始值，滚动向前，进行新一轮的预测。

根据这种思想，我们用如下算法来计算t时刻每个状态下的概率，然后选择最大的概率值作为t时刻的状态预测值。

首先，通过如下公式来计算δ_t的初始值：

$$\delta_{t-1}(i) = \pi_i b_i(o_{t-1}) \quad i = 1,2,3 \tag{5.42}$$

然后，在一步转移当中，在t时刻状态为i的单个路径中概率最大值可以表示为：

$$\delta_t(i) = \max_{i_{t-1}} P(i_t = i, i_{t-1}, o_t, o_{t-1}|\lambda) \tag{5.43}$$

因为在t-1时刻只有一项不为0的δ，所以t时刻状态i的概率最大值可以通过如下公式计算得出，

$$\delta_t(i) = \left[\delta^*_{t-1}(j)a_{ji}\right]b_i(o_t) \quad i = 1,2,3 \tag{5.44}$$

其中，i表示t时刻的隐状态，j表示t-1时刻的隐状态，$\delta^*_{t-1}(j)$表示t-1时刻的非零δ。

最后，我们可以通过公式（5.42）得到t时刻各个隐状态中概率最大的隐状态，即t时刻的隐状态预测值

$$M^* = \arg\max_{1\leqslant i\leqslant 3}\left[\delta_t(i)\right] \tag{5.45}$$

通过上述公式的推导，本书提前24小时预测已经具备了理论基础，下一节，我们将通过实验来验证此方法的有效性。

5.6 实验及预测结果分析

5.6.1 测试集

我们选择2011年夏季兰州市的PM_{10}浓度数据和相应的气象条件数据作为测试集来验证模型的有效性。气象条件数据和PM_{10}浓度数据的一些统计特征如表5-4所示，从表5-4中，我们可以看出，最小的PM_{10}浓度为0.0520 mg/m^3，而最大的PM_{10}浓度为0.5950 mg/m^3，已经达到重度污染的程度，差异是十分明显的。由表5-4还可以看出各个变量之间的数量级相差较大，所以，为了消除各个观测变量之间数量级上的差异，在进行实验之前，我们首先对测试集所有数据做log函数变换，即数据的归一化，消除数量级之间的巨大差异，以保证之后实验运算的正确性和准确性。

表5-4　测试集中观测变量统计特征

变量	温度	湿度	风速	PM_{10}
单位	0.1℃	1%	0.1m/s	mg/m^3
平均值	179.908	70.0656	23.6311	0.1076
最小值	92	44	10	0.0520
最大值	277	91	60	0.5950
标准差	36.8943	10.6482	9.6357	0.0737

5.6.2 试验方法和参数估计

根据5.3节所建立的模型我们发现，实验部分中除了高斯混合模型（GMM）的四个参数之外，其他参数相对都比较容易获得，从之前描述可知，其他参数我们也已经通过统计计算等方式获取。

我们运用连续观测隐马尔可夫模型做兰州市PM_{10}浓度的预测算法，它的核心实际上是基于Baum-Welch方法，也就是EM（Expectation Maximization Algorithm）算法完成参数迭代的混合高斯模型，也就是连续观测的精髓所在。参数包括各个隐状态下所包含的高斯混合数M，还有三个矩阵w、μ和Σ。下面我们主要叙述试验中高斯混合模型中四个重要参数的获取方法。

高斯混合模型的求解过程其实类似于k-Means算法，是一个聚类的过程。不过区别在于高斯混合模型学习出的一些概率密度函数。简单来讲，k-Means算法的结果是各个数据点被指派到某个类当中，而高斯混合模型则是给出数据点被指派到某个类的概率，也被人们称为“软指派”。

根据模型的名字高斯混合模型，就可以猜到，这是一种混合模型，而混合模型本身是可以融合各种分布的，但是这其中应用最为成熟的就是高斯混合。其思想是假定数据服从混合高斯分布，也就是说，数据可以看成是从多个高斯分布的组合模型中生成而来的。根据著名的中心极限定理，高斯分布这个假设在普遍情况下是合理的，不仅如此，高斯分布在实际计算当中也有比较大的优势，所以，理论上我们可以用任意的分布构造混合函数，但是在实践当中混合高斯模型得到最广泛的应用。另外，混合模型可通过调节自身参数，增加被混合模型的个数，使得模型变得复杂，从而达到可以逼近任意连续概率密度函数的效果。

每个混合高斯模型由M个高斯分布组成，每一个高斯分布在混合模型中被称作是一个“组成”，将这些“组成”线性加和，配上相应的权重系数，就组成混合高斯模型的概率密度函数，如公式（5.37）所示。

那么，高斯混合模型中，是如何完成聚类的工作的呢？假定数据集是由混合高斯模型生成而来，那么我们需要做的就是通过数据反推出它的概率密度函数，然后混合高斯的M个组成，实际上就对应了M个类别。在已假定概率密度函数的条件下，要估计密度函数中的参数，此类问题在概率统计当中被称作“参数估计”问题，也就是本书模型中需要解决的最重要的问题。

假设我们有N个数据点，并且这些数据点用高斯混合模型［记为$p(x)$］去拟合，模型中的参数待确定。我们的想法是，找到这样一组参数，由这组找到的参数所确定的密度函数生成给定数据点的概率值最大，这个概率则是通过$\prod_{i=1}^{N} p(x_i)$计算所得，这个乘积形式化上被叫作似然函数。因为计算机处理浮点数的能力是有限的，在很多单个点概率存在的情况下，再做乘积运算，在计算机运算时，很容易造成浮点溢出的问题，我们通过对其做对数运算，将乘积转换为加和的形式$\sum_{i=1}^{N}\log p(x_i)$，得到对数似然函数。接下来我们只需要将对数似然函数最大化，换言之，得到这样一组参数，这组参数能满足对数似然函数取得最大值。极大似然估计法的思想认为这就是最正确的参数，通过这样的方式就解决了模型中参数估计的问题。公式（5.46）表示了高斯混合模型的似然函数。

$$\sum_{i=1}^{N}\log\left[\sum_{M=1}^{M_j} w_{j,m}g(o_t,\mu_{j,m},\Sigma_{j,m})\right] \tag{5.46}$$

因为这里面我们的假设是每个隐状态下的混合数是相同的，所以上述公式可写为：

$$\sum_{i=1}^{N}\log\left[\sum_{M=1}^{M} w_{j,m}g(o_t,\mu_{j,m},\Sigma_{j,m})\right] \tag{5.47}$$

可以看出上述公式中对数函数里面存在和函数，是没有办法直接通过求导解方程的方式来直接计算得到最大值。为了解决这个问题，我们运用之前提到过的随机选点的方法。这种方法分为两步，这与经典的k-Means聚类算法是十分相似的。

（1）估计观测由每一个“组成”生成的概率（而非某个“组成”被选中的概率）

对每一个观测来讲，它由第m个“组成”所生成的概率如公式（5.40）所示，而式中的μ_m、Σ_m也是模型需要估计的参数值，所以这里需要使用分步迭代的方式，在计算$\gamma_t(j,m)$的时候，假设参数μ_m,Σ_m都是已知的，我们将取上一步迭代所得出的结果值（亦或者是初始值）。

（2）估计每个“组成”中的参数

现在我们假设上一步中得到的$\gamma_t(j,m)$就是正确的“观测o_t由‘组成’m生成的概率”，也可以当作是该“组成”在生成这个数据上所做的贡献。因为每个“组成”都是一个高斯分布，通过分步迭代的方式可以求出最大似然函数所对应的参数值，即对应公式（5.41）的参数估计。

（3）重复迭代前面两步，直到似然函数的值收敛为止

由于上述基于EM的算法是寻找参数使得极大似然函数最大化，这种思想决定了迭代过程比较容易陷入局部最优解，为了尽量避免这种情况的发生，我们通过大量的实验，选取最好的实验结果参数作为模型的最优参数。实验结果得到最优的M值取为8，也就是说，每个隐状态下含有8个高斯混合。同时，也可相应计算出参数w、μ和Σ，至此，预测之前CHMM中的所有参数都已经得到。得到CHMM所需

的所有参数之后，根据上节理论基础所推导的提前24小时的预测方法公式，编写相应程序完成预测工作。

5.6.3 实验结果分析

本小节展示了基于连续隐马尔可夫模型的提前24小时预测模型以及其对比算法对兰州2011年夏季的测试集数据PM_{10}浓度等级的预测结果。列举和分析了三种预测模型的混合矩阵，对比了三种算法的准确率，最终对实验结果做出总结。

1. 对比模型介绍

（1）线性回归预测模型

首先说一下回归问题的前提，回归问题对问题的描述是在给定输入变量x，运用线性函数，拟合出相应的目标函数，也就是多项式曲线拟合。运用这个函数去预测未知输入变量的目标变量的值。

线性回归的基本假设是输入变量与目标变量之间是满足线性的函数关系，通俗来讲就是一次函数，这是针对数据集而言的。数据集中的任何一维变量都被看作是一个特征，它在线性多项式拟合函数中至少会对应一个未知的参数，就是此项的系数。根据分析，线性模型函数的向量形式可以表示为公式（5.48）：

$$h_\theta(x)=\theta^{\mathrm{T}}X \tag{5.48}$$

这类问题，就是在数据已知的情况之下，怎么样求得假设模型里面的未知参数，从而对未知数据能给出最优解。从上面的公式可以看出，直接求解上述线性矩阵方程是不太可能行得通的。所以，需要退而求其次，将求解参数的问题转化为使误差最小化来得到参数的问题，从而求得一个最接近真实值的解，这种方式被称为松弛求解。

求一个最接近的解，直观上就可以想到，它就是误差最小的表达形式。仍然考虑一个含有未知参数的线性模型，诸多的训练数据，其模型与数据的误差最小的形式，模型与数据差的平方和最小：

$$J(\theta)=\frac{1}{2}\sum_{i=1}^{m}h_\theta[x^{(i)}-y^{(i)}]^2 \tag{5.49}$$

这个就是损失函数的来源。接下来，就是如何求解这个函数，在求解的过程中迭代出模型所需的参数也就是分量的系数。求解的方法一般有最小二乘法和梯度下降法。

最小二乘法是直接根据数学公式求解，不过它要求X是列满秩的，$\theta=(X^{\mathrm{T}}X)^{-1}X^{\mathrm{T}}\xrightarrow[y]{}$。梯度下降法分为梯度下降法、批梯度下降法、增量梯度下降法。但本质上讲都是求偏导数、最佳学习速率、更新参数、收敛的问题。也就是优化问题中的经典求解方法。

（2）支持向量机模型

支持向量机（Support Vector Machine）最早是由Cortes和Vapnik在发表的论文中首次提出的，模型提出后就得到了广泛的应用。这种模型存在很多优势，它迭代模型所需的样本可以比许多模型小很多，不仅能解决线性可分的分类问题，让人惊叹的是，此算法也能解决线性不可分问题，且分类效果较佳[177]。SVM模型曾一度被认为是机器学习领域最优秀的模型之一。SVM模型可以作为二分类器，也可被用作多分类器，还可以应用于回归问题，可见其强大之处。

SVM模型的思想可以简单概括为：在特征空间上寻求一个超平面，作为二分类器，这个超平面是将两个类别分开的超平面中间隔最大化的那个。对间隔最大化的求解原理做如下解释：在对已有数据点进行分类时，直观上讲，所找到的超平面距两边数据点的距离都比较大的时候，这个超平面的分类能力是更强的，也就是它具有更为强大的健壮性。基于这种思想，SVM模型的目标函数就是最大化到超平面的几何距离。需要分出的两个类中分别选出到超平面最近的点，这种点就被称为支持向量。目标函数最大化的也就是支持向量到超平面的距离。在满足其他点到超平面距离大于支持向量的约束条件之下，其实对目标函数的求解就是对带有约束条件的拉格朗日极值问题的求解。在实际当中很多问题是没有办法线性可分的，而SVM模型还可以通过加入松弛因子“软间隔化”，以及通过核函数变换，将原有坐标空间映射到更高维的空间使其线性可分，从而可以处理线性不可分的问题。

$$w^{\mathrm{T}}x + b = 0 \tag{5.50}$$

综上所说，SVM模型训练不需要太多的样本，在目标函数上加入松弛因子和核函数变换使得SVM模型有能力处理数据集线性不可分的情况，这也是SVM模型的精髓所在，它是机器学习领域最优雅的模型之一。

（3）BP神经网络模型

BP神经网络模型即反向传播神经网络模型，它是应用最为普遍的神经网络模型，既能解决回归问题，也能解决分类问题。神经网络模型一般分为三个层次，即输入层、隐藏层和输出层。其结构如图5-11所示，最左边一层是输入层，对应模型的输入向量，最右边一层是输出层，对应于分类问题中的输出类别（也可能是输出类别的概率，根据模型而定），中间的都是隐藏层。一般来讲，每一个神经单元上是一个sigmoid函数：

$$f(z) = \frac{1}{1 + \mathrm{e}^{-z}} \tag{5.51}$$

对于单元j，j的输入为：

$$z_j = \sum w_{ji} x_{ji} = net_j \tag{5.52}$$

而对于每一个神经单元的sigmoid函数就可以写成：

$$f(z)=f\left(\sum w_{ji}x_{ji}\right)=\frac{1}{1+e^{-(\sum w_{ji}x_{ji})}} \tag{5.53}$$

所以唯一可以被用来重估计的参数是连接在单元边上的权值w_{ji}。

从图5-11中可以看到各层中间相互连接，数据（样例）由输入层输入后，由神经网络进行逐层计算，前向传播而最终在输出层得到输出。用这个输出值与该样例的标注值进行比较，称为误差。定义相应的损失函数，神经网络中一般使用平方损失函数。利用损失函数最小化的方式来重估计网络中的各个参数，损失函数是边上权值的函数，因此通过梯度下降法寻找合适的权值使得损失函数达到最小，这也是BP神经网络模型的核心所在。从后面的各层逐步向前递推进行修正（重估计），这个过程称为反向传播，当修正过程趋于稳定时，修正过程结束，最终达到计算结果能够拟合大部分样例的目的。

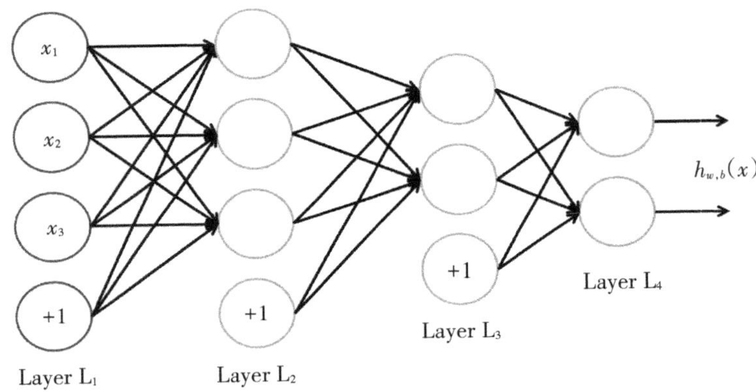

图5-11　神经网络结构图

2. 预测实验结果对比

为了进一步展示本书CHMM模型的效果，我们选择了三个经典的预测算法——线性回归预测模型、以高斯函数为核函数的支持向量机模型和BP神经网络模型与本书模型的结果作比较。如图5-12所示。

表5-5是本书所述CHMM预测值和真实值的混合矩阵，它显示了PM_{10}浓度等级的整体预测结果、真实的PM_{10}浓度等级以及分不同等级下的预测结果，还有每种等级的召回率。从中可知，最大准确率和最小准确率分别为0.93和0.73，等级A和等级B下的准确率都达到了0.9以上。还有最大召回率和最小召回率分别为1和0.77。等级A下的召回率为1，它表示测试集中，真实浓度等级为等级A的所有预测值都是正确的，还可以看出测试集中39个浓度等级为等级B的数据预测准确的达到30个，14个浓度等级为等级C的数据预测准确11个。另外还可以看出，总体测试集的预测准确率为0.86。

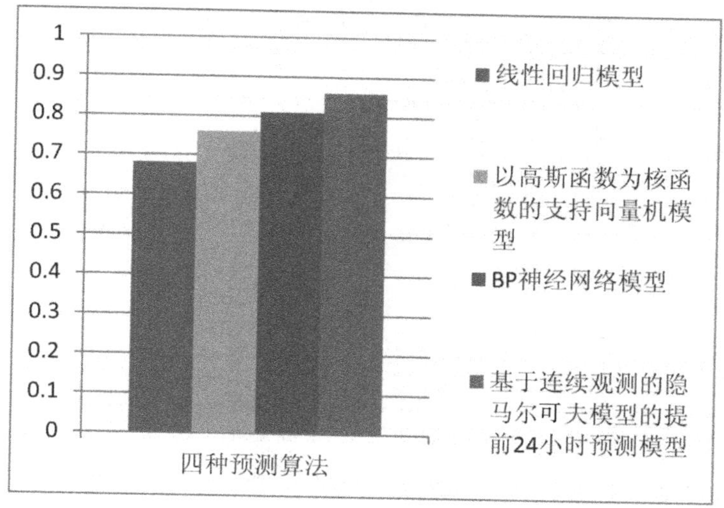

图 5-12　三种模型整体预测准确率对比图

表 5-5　基于连续观测的隐马尔可夫模型的提前24小时预测模型预测结果的混合矩阵

<table>
<tr><td rowspan="2">真实值</td><td colspan="3">预测值</td><td colspan="2" rowspan="2"></td></tr>
<tr><td>等级 A</td><td>等级 B</td><td>等级 C</td></tr>
<tr><td>等级 A</td><td>69</td><td>0</td><td>0</td><td>1</td><td rowspan="3">召回率</td></tr>
<tr><td>等级 B</td><td>5</td><td>30</td><td>4</td><td>0.77</td></tr>
<tr><td>等级 C</td><td>0</td><td>3</td><td>11</td><td>0.79</td></tr>
<tr><td rowspan="2"></td><td>0.93</td><td>0.91</td><td>0.73</td><td rowspan="2"></td><td rowspan="2">0.86</td></tr>
<tr><td colspan="3">准确率</td></tr>
</table>

表5-6是线性回归预测模型预测值和真实值的混合矩阵，它同样显示了线性回归预测模型对PM_{10}浓度等级的预测结果以及真实的PM_{10}浓度等级。可以看到三种浓度等级下的召回率分别为0.77、0.30、0.43。等级B和等级C下的召回率是十分低的，也就是说真实浓度等级为等级B和等级C时，预测值也为相应浓度等级的比较少。同样可以看到，三种浓度等级下的准确率分别为0.76、0.33、0.38。后两种浓度等级下的准确率也比较低。这说明真实浓度等级为等级B和等级C时，真实浓度被错误预测成另外等级的个数是比较多的。总体浓度等级预测的准确率为0.68，相比来讲，没有能达到有效预测浓度等级的效果。

表 5-6　线性回归预测模型预测结果的混合矩阵

真实值	预测值				
	等级A	等级B	等级C		
等级A	53	16	0	0.77	召回率
等级B	17	12	10	0.30	
等级C	0	8	6	0.43	
	0.76	0.33	0.38		0.68
	准确率				

以高斯函数为核函数的支持向量机模型的预测值和真实值的混合矩阵如表5-7所示，它显示了支持向量机对PM_{10}浓度等级的预测结果与真实的PM_{10}浓度等级的比较，也直观显示了分等级下的准确率召回率还有整体预测的准确率。同样地，从表中可以获悉，三种浓度等级下的召回率分别是0.91、0.56和0.36。三种浓度等级下的预测准确率分别是0.82、0.60、0.36。虽然相比于线性回归模型，从单个浓度等下的召回率和准确率来讲都要略高一些，但是对于浓度等级B和等级C来讲预测效果还是不十分理想。另外还可以看出，对于测试集的总体预测准确率为0.76。整体的预测准确率也不是很高。

表 5-7　以高斯函数为核函数的支持向量机模型预测结果的混合矩阵

真实值	预测值				
	等级A	等级B	等级C		
等级A	63	6	0	0.91	召回率
等级B	14	22	3	0.56	
等级C	0	9	5	0.36	
	0.82	0.60	0.63		0.76
	准确率				

最后一个对比算法，具有三层结构的BP神经网络模型的混合矩阵如表5-8所示，BP神经网络模型对PM_{10}浓度等级的预测结果与真实的PM_{10}浓度等级的比较可从表中看到，三种浓度等级下的召回率分别是0.94、0.59和0.79，预测准确率分别是0.87、0.77、0.65。整体预测准确率为0.81。可以看到BP神经网络模型的预测效果也是比较好的，可以成功预测到大多数的浓度等级，但是对于等级B预测的准确率相对比较差。

表 5-8　BP神经网络模型预测结果的混合矩阵

真实值	预测值				
	等级A	等级B	等级C		
等级A	65	4	0	0.94	召回率
等级B	10	23	6	0.59	
等级C	0	3	11	0.79	
	0.87	0.77	0.65		0.81
	准确率				

图5-13展示了测试集中每日的PM_{10}浓度等级预测结果以及和测试集中真实的每日PM_{10}浓度等级的对比。图中的1、2、3分别代表等级A、B、C。从图中可以看出，本书模型可以有效预测大部分天数的浓度等级。所有真实浓度为等级A的天数都表示预测正确，只有极小部分预测结果与真实浓度等级不相符。从中发现，少部分点的浓度等级实际上是等级B，而我们的预测结果是等级C，通过查看测试集源数据，发现这些点的PM_{10}浓度值虽然处在等级B但非常接近等级C，处于等级B和等级C的边界值，相比而言的确不易准确预测。而且，因为我们的目的是预测高浓度等级天数，所以这样的预测结果不会影响到预测模型的效果。因此，本书模型从测试集的预测效果来讲，可以有效预测兰州市的PM_{10}浓度等级。

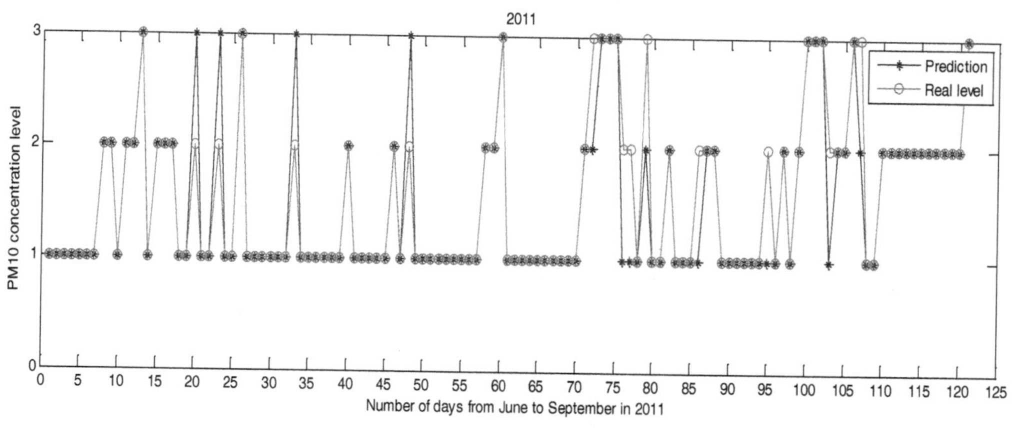

图5-13　预测结果与真实浓度等级对比图

5.7　小结

在本节实验开始之前，本书在有了比较完备的数学理论基础之上，推导了基于连续观测隐马尔可夫的提前24小时预测模型的理论公式，并且根据相关资料介绍及不同PM_{10}浓度等级下PM_{10}浓度等级和气象条件数据之间关系的分析，选取了风速、相对湿度、温度以及前一天的PM_{10}浓度作为连续观测隐马尔可夫模型的观测变量，并且以混合高斯模型作为隐状态下多元观测变量的概率密度函数。以PM_{10}浓度等级作为其隐状态，首先通过训练数据集，依照上一节中所介绍的基本公式，编写程序，迭代训练出模型所需要的参数，建立起基于连续观测的隐马尔可夫模型。在有了此基本模型之后，按照已推导的提前24小时预测的理论公式，编写相应的预测算法，实现对预测模型的建立，运用2011年兰州市夏季数据作为测试集检验预测结果。通过对实验结果的分析，可以看出，模型能正确地预测大部分天数的PM_{10}浓度等级，有效起到提前预防雾霾天气的效果。之后又将实验结果与三个较为经典的预测模型的预测结果相对比，对比结果更为有力地说明本书所述的提前24小时预测模型是可行的，是比较适合根据所选择的气象条件数据对兰州市的PM_{10}浓度等级进行预测的。

6 EPC:基于环境污染特征的抽样数据聚类算法

6.1 研究背景

随着经济与科技的高速发展，能源消耗剧增，环境污染日益严重，空气质量恶化。控制环境污染，加大自然生态环境系统的保护力度，强化水、大气、土壤等污染防治，有着非常重要的现实意义。目前，在世界各地，已有众多的专家从事与污染相关的研究工作。由于确定污染源的种类是科学有效治理污染的基础，所以它成为其中最引人关注、最必要的研究之一。

为了实现污染源解析，受体模型（Receptor Modeling）被广泛应用于识别和解析受体处大气污染的不同来源及其贡献率。有四个最常用的受体模型，分别是化学质量平衡法（Chemical Mass Balance，CMB）[178]、主成分分析法（Principal Components Analysis，PCA）[179]、正交矩阵因子法（Positive Matrix Factorization，PMF）[180]和UNMIX法[181]。CMB是目前在实际工作中研究最多、应用最广的受体模型，CMB模型的基本假设为：（1）各类污染源排放出来的颗粒物的化学组成相对稳定而且彼此之间没有相互作用；（2）可以确定所有对受体有贡献的主要源以及它们排放出来的颗粒物的化学组成；（3）元素个数必须大于等于源的个数；（4）各类源排放出来的颗粒物的化学组成有明显的差异；（5）测样方法的误差是随机的，符合正态分布[182]。PCA借助一个正交变换，将与其分量相关的原随机向量转化成与其分量不相关的新随机向量，也就是说，它旨在利用降维的思想，把多指标转化为少数几个综合指标。PMF不需要测量源成分谱，只需要将受体点成分谱输入，利用最小二乘法得到源贡献量和源谱信息，具有分解矩阵非负、可以利用数据标准偏差进行优化等优点。UNMIX旨在解决一般混合问题，不需要提前测定源成分谱的数据信息，也不需要设定污染源的数目，不过它需要大量的数据样本，可判断源数量、源组成和源对各污染源的贡献量。而这四个受体模型的污染源解析的精度必然都会受到输入的抽样数据的影响。

近年来，由于更多的污染监测器的使用以及抽样频率的增加，抽样数据集的规模越来越大，研究者开始利用大量的数据为污染治理提供可靠的依据[183, 184]。要利用这些丰富的数据集来获得更精确的污染源解析结果，就需要将这些抽样数据根据污染特征进行分组，比如污染源和污染元素的浓度。但是，传统的研究只是简单地将抽样数据根据不同的季节或者是一个特别的污染阶段进行分类，比如对北方地区，就仅仅根据取暖季和非取暖季来分类。由于气象和其他相关条件的多样性，涉及的污染源也在随时变化，同一时期的污染特征也会有很大的不同。所以，缺少选择性的抽样数据可能会导致受体模型对源和贡献率的估计错误。而且，一些意外事件，比如火灾、沙尘天气以及设备故障等，都会不可避免地在抽样数据中产生异常点。这些异常点会影响甚至会破坏源解析的结果。由于抽样数据量一般比较大而且每个数据的维数都很高，异常点一般不能被直接发现。所以，如何获得合适的数据集是横在这个研究领域面前的一个重要问题。为了解决这些问题，给受体分析方法提供已按某种因素进行了分类的数据，让其获得更精确的结果，就非常有必要对抽样数据进行分类并且检测出其中的异常点。

目前，已经有一些与聚类相关的工作对污染抽样数据进行了挖掘。文献[185]使用模糊聚类检测出了大气污染监测网络的冗余信息。文献[186]使用聚类分析方法识别出了 $PM_{2.5}$ 组成中的空间模式。文献[187]使用聚类分析识别了台湾地区的 PM_{10} 的分布，为台湾地区的污染治理给出了重要参考。文献[188]采用自组织映射（Self-Organizing Maps, SOM）神经网络聚类气候相关的 SO_2 浓度。文献[189]通过聚类技术分析了 CO、NO_2 和 O_3 的浓度。文献[190]将层次聚类方法、k-Means算法以及自组织映射神经网络算法相结合分析了与 PM_{10} 相关的空气质量。在本章中，将提出一个聚类算法，即EPC（Environmental Pollution Clustering）算法，把大量的大气污染抽样数据进行聚类，使得在同一类中的数据点具有相似的污染特征，这些污染特征包括污染源和污染物浓度，而且，在不同类内的数据点污染特征不相似。EPC在聚类的同时，还将检测出数据集中的异常点。

本章其余部分组织如下：6.2节对环境污染抽样数据进行了分析，并且研究了聚类大量抽样数据的高维需求；6.3节推导并描述了EPC算法要用到的一些相关理论及术语；6.4节详细描述了EPC算法的过程，包括初始簇的形成和簇中心点的更新；6.5节对EPC算法进行了实验验证；6.6节对本章内容进行了总结。

6.2 环境污染抽样数据的特点

通常，同一数据集中的环境污染抽样数据具有如下特征：

（1）每个数据点有相同的属性，换句话说，每个数据点都具有相同的化学成分。

（2）每个数据点的每一维数据的类型都是数值型。

（3）通常，每一个数据点的维数都大于20，即每个抽样数据点都具有高维属性。

（4）同一个数据点的不同属性的值的量级大小可能不同。

（5）由于污染源的不确定性，抽样数据的每一维属性对估计污染源都是必不可少的或者有效的，同时，每个属性都可能与其他属性相关。

因此，对大量的环境污染抽样数据进行聚类有内在的挑战性，这就需要寻找一种特别的方法去解决这个问题。一些经典的、被广泛使用的聚类方法，如k-Means算法[3]，k-Medoids算法[7]，在数据的维数不高时能有效聚类，但是，由于常用的相似度度量方法的局限性，当维数比较大时就无法得到有意义的结果。例如，在经典聚类方法中最常使用的欧氏距离，当维数太大时就会失去意义[73,74]。这是对环境污染数据进行聚类的第一个挑战。因此，寻找一个适用于较高维数的相似度函数，让它适应较高维数据的聚类就是一种非常必要的选择。从几十维到几千维的高维数据聚类研究，通常是在基因数据[123]以及文本挖掘[122,191]等领域。对于这些领域，一般都有一些与之对应的特定方法。对高维数据进行聚类常用的方法有降维和子空间聚类[123,124,192]。降维包括特征转换和特征提取，是一种非常有效的方法，它可以加速学习过程[125]。子空间聚类试图对同一数据集在不同的子空间内找到合适的簇。遗憾的是，由于本书研究的目标是为不同的受体模型提供根据污染特征进行分类的数据，而数据的每一维对检测污染源和污染特征都是必不可少的，降维和子空间聚类对本书的应用都不是很好的选择。基于此应用目的，本章将在不丢弃任一维和改变任一维的情况下，对污染抽样数据进行全维数聚类。

源解析的结果对异常点极其敏感，是聚类污染抽样数据的第二个挑战。如果为受体模型提供的输入数据是不理想的，其解析结果肯定是不精确的。甚至，不具备代表性的数据点可能会影响或者损害源解析的结果。因此，从抽样数据集中自动检测出异常点是至关重要的。

本章将提出一个在较高维或者高维数据应用中能有效聚类的算法，它不仅能根据污染特征的相似性对污染抽样数据进行聚类，同时还能检测出其中的异常点。

6.3 相关理论及概念

本节将提出一个全新的相似性函数，它是EPC算法的主要基础。本节还将介绍一些在后续部分使用的基本概念。

6.3.1 环境污染抽样数据集

由于环境污染数据集通常维数较高，而且抽样数据的污染浓度的正常值为非负值，因此，EPC算法在聚类定义的基础上，进一步将环境污染数据集表示如下：

$$D^p=\{x_1,x_2,\cdots,x_i,\cdots x_n\} \tag{6.1}$$

其中$x_{if}(1\leqslant i\leqslant n)\in D^p$是第$i$个数据点$x_i$的第$f$维，并且$x_{if}(1\leqslant i\leqslant n,1\leqslant f\leqslant p)$是一个

非负的数字值。

EPC算法在此数据集上进行操作，将把D^p中的数据点划分成$k(1\leqslant k\leqslant n)$个簇，$C_1$，…，$C_k$,即，对每对簇$C_i,C_j(1\leqslant i,j\leqslant k)$，都有$C_i,C_j\subseteq D^p$并且$C_i\cap C_j=\varnothing$。每个子集是一个簇，每一个数据点与同一簇中的数据点相似，而与其他簇中的数据点不相似。

在这些抽样数据中，大多数数据点都是正常的。当突然发生一些污染事件时，污染源排放污染物的程度将会急剧变化。比如，当储气罐爆炸时，VOCs的浓度将会快速增大。当污染监测器发生故障时，监测到的污染物浓度将会极其反常。上述这些事件都会导致在抽样数据集中产生反常的抽样数据点。本书将这些反常的抽样数据点定义为抽样数据集中的异常点。

6.3.2 相似性函数

对于聚类算法，定义相似性函数是一个关键问题。由于污染抽样数据的每一维都是污染排放评估的一个组成部分，只有当一对数据点的每一维的浓度都在同一范围时，这对数据点才是相似的。因此，两点的相似性应由所有污染元素浓度中的浓度最大变化程度决定。首先，定义两个函数*lesser*( )和*greater*( )，分别如下，

$$lesser\left(x_{if},x_{jf}\right)=\begin{cases}x_{if} & x_{if}\leqslant x_{jf}\\ x_{jf} & x_{if}>x_{jf}\end{cases} \tag{6.2}$$

$$greater\left(x_{if},x_{jf}\right)=\begin{cases}x_{if} & x_{if}\geqslant x_{jf}\\ x_{jf} & x_{if}<x_{jf}\end{cases} \tag{6.3}$$

其中$1\leqslant i,j\leqslant n$，$1\leqslant f\leqslant p$，$x_{if},x_{jf}\in D^p$，$x_{if}$与$x_{jf}$分别是点$x_i$与$x_j$的第$f$维的属性值。

接着，提出相似性函数，它能够在前面两个函数的基础上捕获x_i和x_j的相似性。设x_i，x_j为D^p中的两个点，点x_i与x_j之间的相似性定义如下:

$$sim\left(x_i,x_j\right)=\min_f\left[\frac{lesser\left(x_{if},x_{jf}\right)}{greater\left(x_{if},x_{jf}\right)}\right](1\leqslant f\leqslant p) \tag{6.4}$$

其中，$lesser\left(x_{if},x_{jf}\right)$表示$x_{if}$与$x_{jf}$中的较小值，$greater\left(x_{if},x_{jf}\right)$表示$x_{if}$与$x_{jf}$中的较大值，它们的定义分别给定于公式（6.2）与公式（6.3）中；$\min_f\left[\frac{lesser\left(x_{if},x_{jf}\right)}{greater\left(x_{if},x_{jf}\right)}\right]$是在$x_i$和$x_j$的所有的第$f$维比率中的最小值。

可以看出，这个相似性函数的值是两个环境污染抽样数据点的污染浓度的相似程度。

相似性函数满足下面三个数学属性:

①维数无关性

如公式（6.4）所示，相似性函数值只依赖于一对数据点(x_i,x_j)的同一维的值的比率。因此，它具有维数无关性，非常适合于聚类高维污染抽样数据。

②$sim(x_i,x_j)\in(0,1]$

$sim(x_i,x_j)$的取值范围在0与1之间，其值越大，数据点x_i和x_j之间就越相似。如果$sim(x_i,x_j)$的值是1，这两个数据点完全相同。如果$sim(x_i,x_j)$的值接近于0，这对数据点就完全不相似。

③数量级无关性

此相似性函数能够克服数量级不同的干扰。例如，对三个元素Na、As、Si，在两个不同时间的浓度分别为（Na:1.281 μg/m³,As:0.034 μg/m³,Si:12.891 μg/m³）和（Na:1.072 μg/m³,As:0.028 μg/m³,Si:13.994 μg/m³）。如果使用最常用的距离度量——欧氏距离，由于元素Si、As的浓度之间的量级悬殊，元素As的浓度变化将会被Si的浓度变化淹没，但在算法EPC中则不会。这是因为EPC的相似性函数只依赖于数据点对(x_i,x_j)的同一维值的比率。因此，这个相似性函数避免了任何不必要的数据转换，这恰恰满足了本章在确保不改变任何数据的情况下，为受体模型提供已按污染特征进行了分类的环境污染抽样数据的目的。

所以，这个相似性函数非常适合于在聚类受体数据点的方法中使用。

6.3.3 相似性度量

为了构建簇，应该有一个标准去决定何时把一个数据点分配给一个簇，并且指示出一个点属于一个簇的程度。这可以通过采用一个相似度阈值来解决。在EPC算法中，如果一个数据点与某个簇中心点的相似度超过了用户给定的相似度阈值，这个数据点就属于这个簇。对数据点x_i和x_j，相似度阈值的取值范围在0到1之间。在本章中，用ζ表示相似度阈值。如果

$$sim(x_i,x_j)\geqslant\zeta \tag{6.5}$$

这对数据点就是相似的；否则，这对数据点不相似。

如同在上一节的属性②表示的，如果$sim(x_i,x_j)$的值能够满足阈值取1，也就是$sim(x_i,x_j)=1$，则这两个点完全相同。另一方面，如果$sim(x_i,x_j)$满足阈值ζ取0，这两个点就完全不相同。依靠这个相似性函数，一个合适的ζ必须由专家或者使用者确定。在某些使用中，专家有可能就是唯一能设定相似度阈值的人。

必须指出的是，结合上一节对相似性函数的描述，可以看出，同一个簇内的数据点的污染特征的相似程度正好等于输入的阈值。

定理6-1 对数据点x_i和x_j，如果对任意$f(1\leqslant f\leqslant p)$，有

$$\frac{lesser(x_{if},x_{jf})}{greater(x_{if},x_{jf})}<\zeta$$

则这对数据点是不相似的。

证明：

已知

$$sim(x_i,x_j)=\min_f\left[\frac{lesser(x_{if},x_{jf})}{greater(x_{if},x_{jf})}\right]$$

与

$$\min_f\left[\frac{lesser(x_{if},x_{jf})}{greater(x_{if},x_{jf})}\right]\leqslant\min_f\left[\frac{lesser(x_{if},x_{jf})}{greater(x_{if},x_{jf})}\right]$$

并且

$$\frac{lesser(x_{if},x_{jf})}{greater(x_{if},x_{jf})}<\zeta$$

这样，我们可以推导出

$$\min_f\left[\frac{lesser(x_{if},x_{jf})}{greater(x_{if},x_{jf})}\right]<\zeta$$

从而

$$sim(x_i,x_j)<\zeta$$

所以，数据点x_i和x_j是不相似的。

定理已证。

应用定理6-1的关键是能提高算法EPC的执行效率。只要有一维f满足条件$\frac{lesser(x_{if},x_{jf})}{greater(x_{if},x_{jf})}<\zeta$，EPC算法就可以确定数据点对$(x_i,x_j)$是不相似的，转而去处理下一个数据点，这就代替了逐维地计算所有维的$\frac{lesser(x_{if},x_{jf})}{greater(x_{if},x_{jf})}$。另一个好处是可以有效地检测出异常点，其原因是，一个抽样数据点的任意一维异常可能就意味着某个污染源排放异常或者设备故障。定理在EPC中的使用可见于算法6-1的第11和12行。

6.4 EPC算法

在本节，将详细描述EPC算法。EPC算法属于基于划分的聚类算法。

6.4.1　EPC算法概述

EPC算法在p维的数据集上进行操作。如公式$D=\{x_1,x_2,\cdots,x_i,\cdots x_n\}$所示，我们将数据集$D^p$中的第$i$个数据点记为$x_i$。图6-1中给出了EPC算法的过程框架。EPC算法中涉及的过程描述如下。

第一步：数据预处理（Data preprocessing）

在实际应用中，环境污染抽样数据中没有负值，而公式（6.4）所表示的相似性函数不能处理0值，所以，EPC首先对数据中出现的0值和负值进行了预处理，具体过程参看Procedure 6-1。

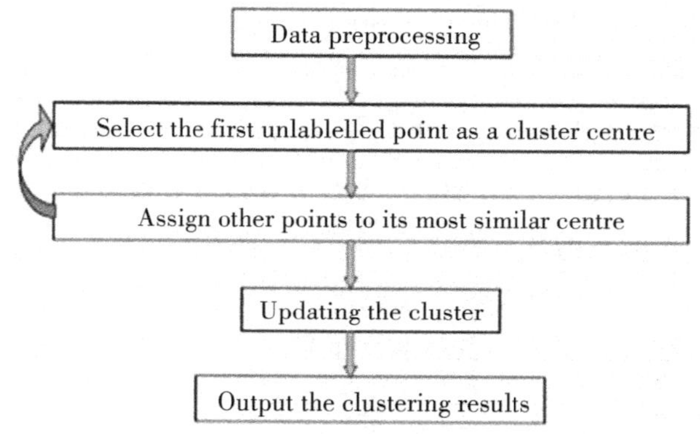

图6-1　EPC算法的过程框架

第二步：初步聚类（Initial clustering）

在每一次迭代中，EPC首先选择数据集D^p中第一个未标记的点作为一个类的簇中心点。然后根据用户定义的阈值和相似性函数的值，分配D^p中每一个非簇中心点到与它最相似的簇中心点。每次迭代产生一个新簇。这种迭代持续进行，直到D^p中所有的点都被标记。此步是本章的主要贡献。

第三步：更新簇中心（Updating cluster centres）

与k-Means算法类似，EPC算法的第三步首先更新每个簇的中心点为此簇中所有点的均值，然后分配每个非中心点到与它最相似的中心点所在的簇。当所有的中心点都不再更新时，这个迭代停止。从前面的描述中可以看出，EPC属于基于划分的聚类方法。6.4.2节将详细描述EPC的主要步骤，即它的第二步和第三步。

该算法中，阈值是一个参数，它表示一对数据点之间的相似程度，阈值越高，类内的点越相似。因此，在缺少专家指导时，用户可以通过调整阈值获得最优的聚类结果。

此外，从以上的算法描述中可以看出，EPC算法产生的簇可能只包括几个点（大多是一个点）。在ROCK算法[193]中，规模很小的簇中的点被认为是异常点，这些点之间相对较松散，而且相对其他点较孤立。在本章中，由于规模很小的簇中的数据点可以被看作是异常的污染源排放点，所以本章也如在ROCK算法中一样把规模很小的簇当作了异常点。同时，如同在定理6-1中所证明的，在EPC的聚类过程中，只要数据点x_i的任意一维f满足条件$\frac{lesser\left(x_{if},x_{jf}\right)}{greater\left(x_{if},x_{jf}\right)}<\zeta$，就与簇中心点$x_j$不相似，当$x_i$与所有簇中心点都不相似时，$x_i$就被视为异常点。这样处理的原因是，一个抽样数据点的任意一维异常都可能意味着污染源排放异常，从而这个抽样数据点就是异常点。

6.4.2　EPC过程

EPC算法以包含n个点的数据集D^p和用户给定的相似度阈值ζ作为输入。当在Procedure 1中描述的数据预处理完成后，算法开始选择第一个点作为一个簇的中心点，然后计算其余每个x_i的$sim\left(x_i,x_j\right)(1<i\leqslant n)$，如果$sim\left(x_i,x_j\right)\geqslant\zeta$，点$x_i$就被分配到$x_1$所代表的簇。在下次迭代中，算法依旧选择$D^p$中第一个未标记的点作为中心点，计算其余每个点与此点的相似性。在这个过程中，可能会出现一个已经被划分到某个簇中的点，同时也符合被分配到这个簇的条件，这时，EPC将使用6.4.3节描述的数据点再分配方法分配这个点到与其最相似的簇。算法6-1中描述的过程将一直重复进行，直到所有的点都有了类标签。至此，EPC已经完成了初步聚类，本章称这一步获得的簇为EPC算法的初始簇。

接下来，为了分配每个点到与它最相似的簇，获得更精确的聚类结果，受k-Means算法的启发，Procedure 2通过把每个簇的簇中心点替换为整个簇中的数据点的均值，将每个点分配到与之最相似的中心点，更新了在上述过程形成的初始簇。对数据集D^p中的每个点，当计算了它与每个簇中心点的相似性之后，EPC将它分配给与其最相似的簇。然后，再次更新簇中心点，开始下一次数据点的再分配。由于基于划分的方法都是收敛的[194]，所以作为其中的一个基于划分的聚类算法，EPC算法也是收敛的。因此，在Procedure 2中，“while”循环将持续进行，直到簇中的点不再变化。至此，EPC算法的聚类过程全部结束，获得了最终的簇划分。

算法6-1　EPC算法

Input: $\mathcal{D}^p$: a dataset containing n points with p dimensions;
ζ: the threshold of the similarity function;
Output: the centre of each cluster;
$\mathcal{C}$: a set of k clusters;

Call Procedure 1
$k \leftarrow 0$
for *each* $x_i \in \mathcal{D}^p$ **do**
    if x_i *labeled* **then**
        continue
    take the x_i as the centre of the cluster, i.e. $centre_k = x_i$
    $k++$
    for *each* $x_j \in \mathcal{D}^p$ **do**
        while $x_j \neq centre_k$ **do**
            if x_j *is unlabeled* **then**
                if $\frac{lesser(centre_{kf}, x_{jf})}{greater(centre_{kf}, x_{jf})} < \zeta$ **then**
                    $centre_k$ and x_j is dissimilar;
                else
                    add the x_j to the $cluster_k$
                    assign the label of $cluster_k$ to x_j
            else
                if $sim(centre_k, x_j) \geq sim(centre_{original}, x_j)$ **then**
                    remove x_j from the original cluster
                    add x_j to $cluster_k$
Call Procedure 2

Procedure 1: 数据预处理（Data preprocessing）

for $x_i \in \mathcal{D}^p$ **do**
    if $x_{if} = 0$ **then**
        $x_{if} \leftarrow 1 \times 10^{-6}$;
    if $x_{if} < 0$ **then**
        x_i is an outlier;

Procedure 2: 更新簇中心点（Updating cluster centres）

```
while centre_original ≠ centre_new do
    for each x_i ∈ D^p do
        for each cluster_k do
            computer the sim(cluster_k, x_i);
        reallocate x_i to the cluster with the largest sim(cluster_k, x_i) value;
    recalculate the mean value of the points for each cluster;
    take the mean as the new centre for each cluster;
```

6.4.3 数据点的再分配

为了获得最好的聚类结果，每一个数据点都应该被分配给与它最相似的簇。但正如6.4.2节所述，有时候需要重新分配某些数据点。举例来说，数据点x_j与当前中心点的相似性大于ζ，但同时，x_j已经被分配给了另一个簇。这时，就与在第6.3.1节定义的环境污染数据划分相矛盾，即，一个点只能属于一个固定的簇。为了便于描述，分别将两个簇表示为original和new，其中original表示数据点x_j原先属于的簇，new表示现在x_j可以属于的簇。$sim(center_{new},x_j)$表示簇new的中心点与点x_j之间的相似性，同样的$sim(center_{original},x_j)$表示簇original的中心点与点$x_j$间的相似性。为了分配$x_j$到与它最相似的簇，需要比较$sim(center_{original},x_j)$和$sim(center_{new},x_j)$的大小，如果$sim(center_{original},x_j)>sim(center_{new},x_j)$，就将点$x_j$从簇original中移到簇new中。所以，通过比较上述相似性函数的值，EPC将数据点分配给了与它最相似的中心点，也就是最适合的簇。

6.4.4 EPC算法与基于划分的经典聚类方法的不同

虽然EPC算法属于基于划分的方法，但它与基于划分的经典聚类方法有显著的不同之处。特别是与最常用的划分方法进行比较时，比如k-Means算法和k-Medoids算法，就会发现一个明显的不同：k-Means算法和k-Medoids算法需要预先指定簇的个数，而EPC算法不需要强加一个固定的簇的个数，只是指定了簇中点之间的相似程度。换而言之，EPC算法不需预先定义簇的个数，根据相似性函数和阈值，数据将会自动获得最自然的分类和簇个数。而且，虽然需要用户指定相似度阈值，但该阈值具有明确的实际含义，即该阈值恰好是污染源和元素污染浓度在簇中的相似程度。因此，确定一个合理的阈值并不困难。举例来说，如果用户想得到污染特征的相似程度是80% 的簇，就可以输入阈值0.8。所以，阈值非常便于使用。另一个明显的不同是EPC算法有能力检测出异常点，但k-Means算法和k-Medoids算法均无此功能。这是因为EPC算法在聚类时使用了数据间的相似程度，而没有使用固定的簇个数。

6.4.5　时间复杂度分析

在第一步，对每个点都进行了是否为正值的判断，时间复杂度为$O(n)$。在第二步，时间复杂度为$O(n \cdot t)$，其中n为数据集D^p中的数据点数目，t为迭代次数，并且$t \ll n$，所以第二步的时间复杂度也为$O(n)$。在第三步，时间复杂度为$O(n \cdot l)$，其中l为第三步的迭代次数，并且$l \ll n$，则第三步的时间复杂度依旧为$O(n)$。所以，EPC的时间复杂度为$O(n)$。

6.5　实验分析

在本节，为了验证EPC算法在实际应用中的性能，对EPC算法在人工数据集和实际数据集上都分别进行了测试。在人工数据集上，分别使用有类标签和无类标签两种形式的数据集验证了EPC算法的聚类质量以及在数据集包含异常点时EPC算法的表现，同时，还选取了在环境污染研究中较为常用的6个经典聚类方法与EPC算法进行了综合比较。此外，还将EPC算法产生的簇的中心点作为受体模型CMB算法的输入，进一步评价了EPC算法基于污染特征划分数据集的合理性。在实际数据集上，不但与对比算法的聚类结果进行了比较，而且还与当时的气象条件相结合，展示了EPC算法依据污染特征将抽样数据进行聚类的实用性和可行性。

6.5.1　聚类质量评价

如前所述，EPC算法的聚类结果对用户或者专家给定的相似度阈值很敏感，不同的阈值会产生不同的结果。当没有专家提供有用的与受体数据相关的信息时，一个问题就出现了：在不同的阈值下，哪个结果是最优的？因此，合理地评价EPC算法的聚类结果并从中选取最优结果是非常重要的。目前，已有很多聚类评价方法，包括外部评价和内部评价[142,143]。当簇的真实结构提前不能预知时，本书使用了其中两个最常使用的内部评价方法，即Dunn Index[148]和Silhouettes Index[149]，去评价EPC算法及对比算法的聚类结果。当数据集的真实簇结构已知时，本章使用其中最常用的两个外部指标——ARI[145]和F-Measure，去评价EPC算法与对比算法的聚类结果。

6.5.2　生成人工数据集

本实验使用源成分谱和源贡献率生成代表受体数据的人工数据集。首先，本章利用文献[195]中提供的真实源成分谱，通过将每个源的质量浓度按0.05%的间隔进行了从80%到120%扩展，生成了800个随机分布的源贡献率数据点。表6-1显示了源成分谱中大气污染源对应的污染元素浓度，在文献[195]中的每个污染源的质量浓度就是表6-2中的中心点1（Centre 1）。在上述过程，已将源成分谱及其贡献率进行了标准化转换，以使各源贡献率的总和为100%。

然后，根据化学质量平衡假设[196]，源排放和面向受体的模型[197,198]，基于公式（6.6）生成了人工受体数据。

$$C_{ik}=\sum_{j=1}^{n}PC_{ijk}\times S_{jk} \tag{6.6}$$

其中，n是存在的污染源的数目，C_{ik}是在第k个抽样受体中元素i的浓度，PC_{ijk}是在污染源j第k次排放中的元素i的浓度百分比，S_{jk}是在第k次排放浓度中污染源j的贡献率。

最后，把在表6-2中的"centre 1"所示的质量浓度的值当作贡献的中心，根据在表6-1所示的源成分谱，获得了800个受体数据点。

表6-1　标准源成分谱(%)

Species	**CD**	**CCFA**	**MD**	**OCD**	**RD**	**VED**	**SS**	**SN**
Na	0.414	0.728	0.684	1.298	2.979	0.195	0	0
Mg	0.973	0.485	0.401	3.278	2.118	0.144	0	0
Al	9.060	24.836	3.206	3.880	9.974	0.174	0	0
Si	11.114	11.779	6.979	2.743	29.348	0.455	0	0
P	0.486	0.345	0.149	0	0.452	0.046	0	0
S	2.107	1.569	0.637	0	0.927	1.119	25.028	0
K	4.881	1.521	1.085	0.656	2.560	0.152	0	0
Ca	42.564	11.164	9.101	4.669	6.818	0.393	0	0
Ti	0.721	1.084	0.448	0.268	0.706	0.066	0	0
V	0.027	0.039	0.019	0.221	0.053	0.022	0	0
Cr	0.043	0.074	0.083	0.035	0.071	0.009	0	0
Mn	0.184	0.455	1.756	0.068	0.192	0.014	0	0
Fe	6.719	10.582	48.356	0.709	11.055	0.777	0	0
Ni	0.108	0.152	0.177	0.016	0.015	0.005	0	0
Cu	0.041	0.116	0.276	0.132	0.223	0.052	0	0
Zn	0.186	1.631	7.476	0.344	0.911	0.142	0	0
As	0.074	0.037	0.075	0.001	0.068	0.005	0	0
Se	0.023	0.068	0.163	0.001	0.040	0.001	0	0
Br	0.067	0.083	0.283	0	0.042	0.020	0	0
Pb	0.159	0.299	1.087	0.086	0.311	0.021	0	0
TC	6.665	16.342	9.902	35.053	16.770	58.971	0	0
OC	5.404	5.501	5.187	27.695	13.901	33.909	0	0
F^-	0.421	0.332	0.387	0	0	0	0	0
Cl^-	0.308	0.230	0.311	0.048	0	0.260	0	0
NO_3^-	0.510	0.194	0.165	0.008	0.007	0.508	0	100.000
SO_4^{2-}	6.213	10.289	1.606	18.791	0.364	2.541	74.972	0
NH_4^+	0.530	0.065	0.005	0.001	0.095	0	0	0

CD: Construction Dust，建筑尘　**CCFA**: Coal Combustion Fly Ash，煤烟尘

MD: Metal Dust，冶金尘　**OCD**: Oil Combustion Dust，燃油尘

RD: Resuspended Dust，扬尘　**VED**: Vehicle Exhaust Dust，机动车尘

SS: Secondary Sulfate，硫酸盐　**SN**: Secondary Nitrate，硝酸盐

为了展示EPC算法的有效性，需要生成具有不同污染特征的受体点数据。本章每次在8个污染源中随机选择5个，改变它们的质量浓度，得到新的源贡献的中心点。基于文献[195]中提供的源贡献，也就是在表6-2中所示的“centre 1”的基础上，首先，煤烟尘的质量贡献增加11.6 μg/m^3，冶金尘的质量贡献增加4.0 μg/m^3，将此结果当作一个源贡献的中心点。下一次，将扬尘的质量贡献增加6.0 μg/m^3，建筑尘的质量贡献增加9.0 μg/m^3，又生成了一个污染源中心点。再将机动车尘的质量贡献增加18.6 μg/m^3，燃油尘的质量贡献增加3.8 μg/m^3，得到另一个污染源中心点。这三个中心点分别是在表2中的“centre 2”“centre 3”“centre 4”。使用与生成前800个受体数据点同样的过程，本小节又生成了3组各包含800个点的受体点数据。

表6-2　用于产生4组800个数据点的4个源贡献率的中心点

centres	CD	CCFA	MD	OCD	RD	VED	SS	SN
1	6.700	11.900	1.000	4.600	32.100	17.000	15.500	8.000
2	15.700	11.900	1.000	4.600	38.100	17.000	15.500	8.000
3	6.700	23.900	5.000	4.600	32.100	17.000	15.500	8.000
4	6.700	11.900	1.000	8.600	32.100	35.000	15.500	8.000

CD: Construction Dust，建筑尘　**CCFA**: Coal Combustion Fly Ash，煤烟尘
MD: Metal Dust，冶金尘　**OCD**: Oil Combustion Dust，燃油尘
RD: Resuspended Dust，扬尘　**VED**: Vehicle Exhaust Dust，机动车尘
SS: Secondary Sulfate，硫酸盐　**SN**: Secondary Nitrate，硝酸盐

6.5.3　实验1：聚类有类标签且不含异常点的大气污染受体点数据集

第一个实验在有类标签且不含异常点的大气污染受体点数据集上评价EPC算法的聚类质量。

（1）数据集

为了能直接评价EPC聚类结果的精度，本节需要使用有标签的数据点作为基准。基于此原因，本实验中，对6.5.2节生成的受体点数据，将第一组800个点标记为簇1，第二组800个点标记为簇2，第三组800个点标记为簇3，第4组800个点标记为簇4。然后，随机打乱这些数据点的顺序，将这四组数据放在同一个数据集中。因此，在本实验中，共有3200个有类标签的数据点作为测试数据集。

（2）聚类结果

在本实验中，在不同的阈值下使用EPC算法对受体数据集进行了聚类。如表6-3所示，当阈值等于或小于0.4时，这3200个点的数据集不会被分开。当阈值大于0.4时，数据集开始分裂。简要起见，本小节只显示了阈值大于0.4时的其中一些聚类结果。从表6-3中可以看出，当阈值为0.5时，数据集被划分成了3个簇；当阈值在0.53和0.7之间时，数据集被划分成了4个簇，每个簇中的数据点个数分别是

800，而且，每个簇内的点的类标签一致，而不同簇中的点的标签不同，换句话说，每个点都被放置到了其相应的类。表6-3还列出了阈值为0.75和0.8时的聚类结果。当阈值是0.75时，第一组的800个点被划分成了3个小簇，簇内点的数目分别是377、243与180；第二组的800个点被分成了2个小簇，簇内点的个数分别为471与329；第三组的800个点也被划分成了2个小簇，簇内点的个数为633与167；第四组的800个点没有被划分。当阈值是0.8时，第一组的800个点被划分成了8个小簇，簇内点的个数分别为167、124、151、89、89、57、82、41；第二组的800个点被划分成了9个小簇，簇内点的个数分别为137、160、86、138、41、51、75、66、46；第三组的800个点被划分成了10个小簇，簇内点的个数分别为154、71、46、111、117、50、46、105、58、42；第四组的800个点被划分成了9个小簇，簇内点的个数分别为227、128、99、64、39、96、72、51、24。这种现象正好说明了EPC算法的本质特点，即它根据数据点间的相似程度划分数据集。EPC算法的另一个特点也在这个实验中得到了详细验证，即阈值越高，簇的个数越多，簇内的点之间越相似。

表6-3　EPC算法对有标签且不含异常点的受体点数据集在不同相似度阈值下的聚类结果

ζ	簇内的点数				簇个数
(0, 0.40]	3200				1
0.5	1346	1054	800		3
[0.53, 0.70]	800	800	800	800	4
0.75	377 243 180	471 329	633 167	800	8
0.8	167 124 151 89 89 57 82 41	137 160 86 138 41 51 75 66 46	154 71 46 111 117 50 46 105 58 42	227 128 99 64 39 96 72 51 24	36

（3）比较

为了更进一步评价EPC算法的聚类质量，本小节将EPC算法的结果与6个经典的聚类算法的最优聚类结果进行了比较。在这几个对比算法中，2个是基于划分的方法，即k-Means算法[194]与k-Medoids算法[7]；1个是最经典的基于密度的算法DBSCAN算法[13]；1个层次聚类算法，BIRCH算法[25]；另外2个是基于模型的算法，LCA算法[46,47]和SOM算法[48,49]。

由于所有数据点的类标签和类的个数是已知的，本节使用ARI和F-measure分别评价这7个聚类算法的聚类质量。表6-4列出了这7个算法的聚类结果的评价值。由于DBSCAN算法将12个点检测成了异常点，所以表6-4中关于DBSCAN算法的点个数小于3200。从表6-4可以看出，EPC算法的聚类质量显著高于其他算法。

表6-4　EPC算法与对比算法在有标签不含异常点的数据集上的最优聚类结果比较

Algorithm	Cluster 1		Cluster 2		Cluster 3		Cluster 4		*ARI*
	Size	*F-measure*	Size	*F-measure*	Size	*F-measure*	Size	*F-measure*	
EPC	***800***	***1.0000***	***800***	***1.0000***	***800***	***1.0000***	***800***	***1.0000***	***1.0000***
k-Medoids	891	0.9279	752	0.9590	757	0.9608	800	1.0000	0.9021
k-Means	962	0.8921	393	0.0000	1438	0.64380	407	0.6743	0.5402
LCA	1128	0.5856	798	0.3315	474	0.5353	800	1.0000	0.6901
DBSCAN	800	1.000	798	0.9987	793	0.9956	797	0.9981	0.9985
BIRCH	833	0.9721	781	0.9850	796	0.9845	790	0.9937	0.9622
SOM	656	0.8758	836	0.9657	787	0.9905	921	0.9296	0.8578

6.5.4　实验2:聚类无类标签且包含异常点的大气污染受体点数据集

第二个实验是在无类标签且包含异常点的人工大气污染受体点抽样数据集上评价EPC算法的聚类质量。此外，还使用CMB模型解析了EPC算法的最优聚类结果。

（1）数据集

在本实验中，为了演示EPC算法检测异常点的能力、测试Dunn Index和Silhouettes Index在评价大气污染受体点抽样数据集上的可行性，首先，分别产生了每组100个点的4组受体数据点作为潜在的异常点。这些异常点的源贡献是从正态分布中提取的随机数字，此正态分布是通过将上述四个源贡献中心的标准偏差扩大2倍后形成的。因此，这400个点并不都是异常点，不同的阈值下检测出的异常点有可能不同。然后，将这400个正态分布数据点与上节实验中4组各包含800个点的受体数据放置在一起，并打乱它们的顺序，形成包含3600个数据点的数据集。

（2）聚类结果、异常点处理及比较

①聚类结果

由于数据点的类标签未知，本实验不仅在不同相似度阈值下使用EPC算法对人工数据集进行了划分，还使用Dunn Index和Silhouettes Index对聚类结果进行了评价。表6-5列出了EPC算法在从小到大的阈值下的聚类结果以及相应的Dunn Index和Silhouettes Index。从表6-5中可以发现，当阈值是0.65时，Dunn Index和Silhouettes Index都达到了在所有阈值下的最大值。因此，在阈值是0.65时的聚类结果是最优的。此外，从表6-5中还可以看出在阈值是0.65时簇的个数是4。实验结果还显示了阈值为0.65时簇内点数分别是801、808、801、804。

②异常点处理

EPC能根据不同的阈值有效地处理异常点。在本实验中，与ROCK算法[193]的处理过程相似，把数据个数小于等于5的簇中的点视作异常点。如表6-5所示，随着阈值的逐渐增大，异常点也逐渐增多。正如实验1中，异常点的数量与数据点之间的相似性程度的阈值有关，阈值越高，簇的个数越多，从而产生了更多的规模很小的簇，这些簇中的点就是异常点。

表6-5 EPC算法在从小到大的阈值下对无类标签且包含异常点的受体点数据集的聚类结果以及相应的Dunn Index和Silhouettes Index

	0.1	0.2	0.3	0.4	0.5	0.55	0.6	0.65	0.7	0.75	0.8	0.9
CluN	4	3	6	6	5	4	5	4	8	13	36	96
OutN	77	162	175	211	340	346	350	386	395	395	408	1668
Dunn	0.0040	0.0628	0.1786	0.2029	0.3192	0.4872	0.3913	***0.5516***	0.5257	0.5070	0.5391	0.5490
Silh	0.1131	0.2742	0.1552	0.1173	0.1534	0.2456	0.1630	***0.2476***	0.1048	0.0305	0.0231	0.0557

CluN：簇的个数　**OutN**：异常点个数　**Silh**：Silhouette

③比较

与6.5.3节一样，本实验将EPC产生的最优结果与六个对比算法的最优结果进行了比较，这六个算法依旧是k-Medoids算法、k-Means算法、LCA算法、DBSCAN算法、BIRCH算法以及SOM算法。通常，对于k-Medoids算法、k-Means算法、DBSCAN算法和BIRCH算法，最优的聚类结果可以由聚类评价标准确定；对于LCA，其最优的评价结果由log-likelihood、BIC和N-par共同确定[46, 47]；对于SOM算法，其最优的聚类结果由“Kaski-Lagus”[199]确定。但是，为了公平地评价每个聚类算法，如同在6.5.1节提到的，本实验使用DunnIndex和Silhouettes Index作为统一的标准。对于每个算法，通过设置相应的输入参数迭代进行，其最优的聚类结果都由最大的Dunn Index和SilhouettesIndex确定。由于我们得到的最优结果是在有限的迭代中通过调节每个算法相应的输入参数得到的，本章将其称为相对最优结果。每个算法的相对最优结果及其相应的输入参数可参见表6-6。

表6-6 EPC算法与对比算法在无标签且含异常点的数据集上的最优聚类结果比较及其相应的输入参数

	EPC	k-Medoids	k-Means	LCA	DBSCAN	BIRCH	SOM
Para	$\zeta=0.65$	$k=2$	$k=8$	$k=2$	$\varepsilon=1.7$ $MinPts=1$	$k=4$ $B=8$ $T=0$	$LR\text{max}=0.25,\ LR\text{min}=0.05$ $R\text{max}=2.0,\ R\text{min}=0.2$ Map=4*4
CluN	4	2	8	2	3	4	16
OutN	386	0	0	0	431	48	0
Dunn	***0.5516***	0.0002	0.0003	0.0002	0.4790	0.0006	0.0003
Silh	***0.2476***	0.0583	-0.7163	0.1342	0.2269	0.0331	-0.2521

Para:parameter　ζ: Threshold value　k: Number of cluster　ε: Radius

$MinPts$: Density　B: Branching Factor　T:the Initial Threshold Distance

$LR\text{max}$: the Biggest Learning Rate　$LR\text{min}$: the Smallest Learning Rate

$R\text{max}$: the Biggest Neighborhood Radius　$R\text{min}$: the Smallest Neighborhood Radius

Map: Size of Map

由表6-6可以看出，EPC算法的Dunn Index和Silhouettes Index都远高于其他算法的相应指标。所以，EPC算法相对于经典算法，更适合于聚类大气污染受体点抽样数据。

（3）聚类结果解析

为了更深入地分析EPC算法产生的聚类结果，本节使用CMB模型对EPC算法的结果进行了源解析分析。首先，将最优结果的4个簇中心点分别输入到CMB模型，获得污染源的质量浓度及其产生的污染元素。表6-7描述了源解析的结果。然后，将表6-7这4个源解析结果分别与原来的表6-2中源贡献的4个中心点进行了比较。在此，将表6-2中用来产生人工数据集的中心点记作"standard sources"。

表6-7　对EPC算法在无标签且含异常点的数据集上的产生的4个簇的中心点的源解析结果

centres	CD	CCFA	MD	OCD	RD	VED	SS	SN
1	15.680	11.945	0.987	4.570	38.151	16.995	15.497	8.004
2	6.702	23.896	4.996	4.611	32.079	16.999	15.492	7.998
3	6.686	11.912	0.990	4.578	32.173	17.012	15.482	7.998
4	6.695	11.926	0.989	8.610	32.065	34.997	15.482	7.991

CD: Construction Dust，建筑尘　　**CCFA**: Coal Combustion Fly Ash，煤烟尘
MD: Metal Dust，冶金尘　　**OCD**: Oil Combustion Dust，燃油尘
RD: Resuspended Dust，扬尘　　**VED**: Vehicle Exhaust Dust，机动车尘
SS: Secondary Sulfate，硫酸盐　　**SN**: Secondary Nitrate，硝酸盐

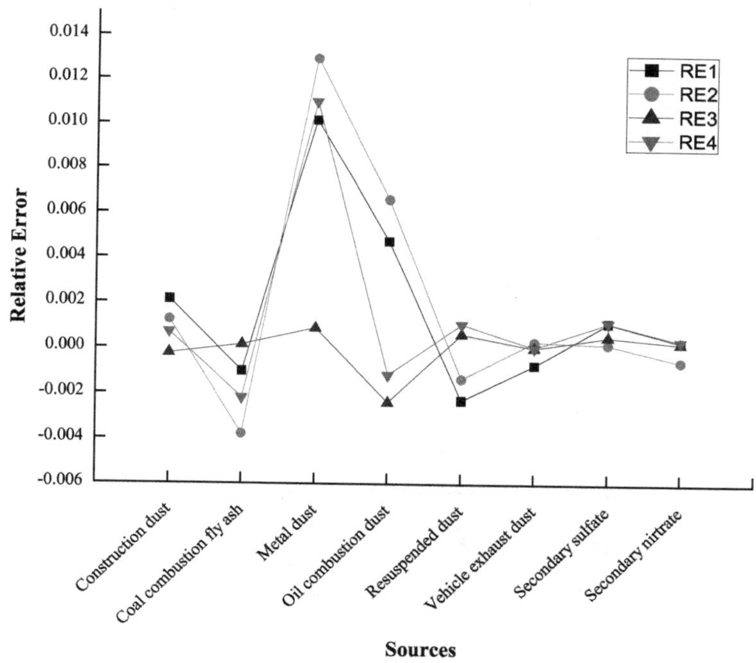

图6-2　对EPC算法产生的簇中心的源解析结果与标准源贡献的最小RE

为了更清晰地进行比较，评价聚类结果的精确性，每个簇中心的源贡献的相对误差（Relative Error, RE）用公式（6.7）进行计算，

$$RE = \frac{C_{standard} - C_{cluster}}{C_{standard}} \tag{6.7}$$

其中，$C_{standard}$是表6-2中列出的标准源（standard sources）的质量浓度，$C_{cluster}$是从表6-7中列出的每个簇中心解析出的质量浓度。

由于不知道哪个簇的中心点与标准源的浓度中心相匹配，本节就不得不对EPC算法产生的簇中心的源解析的结果与四个标准源一一比较，也就是说，一共最多有16次比较。图6-2给出的是在所有RE中的最小的4个RE。由于这3600个点是根据4个标准源浓度中心产生的，图6-2中的每一个最小RE对应的源解析结果就对应一个标准源浓度。从图6-2可以发现，最大的RE为0.014。所以，四个源解析的结果分别与四个标准源排放贡献非常接近。

但如果不对数据集进行预先分类，输入到CMB模型的将是这3600个点的均值。图6-3所示的是对3600个点的均值的源解析结果与四个标准源的四个RE，可以看出，误差非常大。

基于上述比较，可以看出，如果对源解析模型输入了利用EPC算法进行分组的数据，源解析的精度就可以很明显地提高。所以，EPC算法可以根据不同的污染特征，如污染源及其化学元素的浓度，有效地划分大气污染抽样数据集。

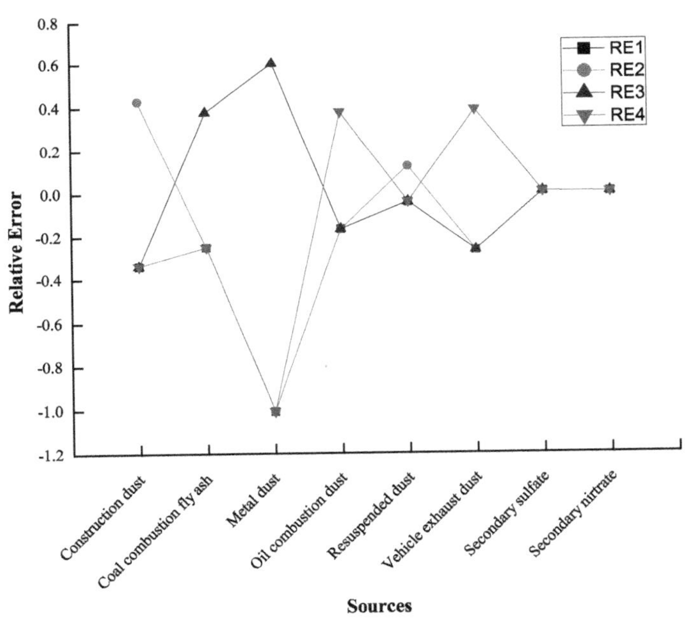

图6-3　对未分组的3600个点的均值的源解析结果与四个标准源贡献的RE

6.5.5 实验3:聚类实际大气污染抽样数据集

本章的第三个实验将通过真实的水溶性无机离子数据集，评价EPC算法的实用性。

(1) 实际抽样数据集

数据集的水溶性无机离子包括NH_4^+、Na^+、K^+、Ca^{2+}、Mg^{2+}、Cl^-、NO_3^-和SO_4^{2-}，是由在线分析器MARGA（ADI 2080 MARGA分析器，瑞士）从2011年1月至4月以小时为单位采集的。采集地点（36:05°N; 103:86°E）位于兰州大学大气学院一个7米高的建筑物顶上。这个地点的大气污染采样数据可以看作是居民生活、交通、建筑等各种污染源的混合。

(2) 聚类结果

采用与实验2同样的方式，EPC算法在不同的阈值下对实际的水溶性无机离子数据集进行了聚类分析。最优的聚类结果同样是从大量的实验结果中根据最大的Dunn Index 和Silhouettes Index选取的。在此，同样把点数小于5的簇中的点视作异常点。简便起见，本小节只在表6-8中显示了EPC算法与其他6个对比算法的最优结果的评价指标。

如表6-8所示，EPC算法的最优结果是在阈值为0.3时产生的，此时的Dunn Index 远高于k-Means算法、k-Medoids算法、DBSCAN算法、LCA算法、BIRCH算法 和SOM 算法等相应的最优指标，此时，EPC算法的结果对应的Silhouettes Index与DBSCAN 算法和BIRCH算法的差别不大，稍高于LCA算法和k-Medoids算法的，明显高于k-Means 算法和SOM算法。综合这两个指标，可以得出结论，EPC比其他6个算法更适合于聚类这个实际的大气污染抽样数据集。

(3) EPC算法的聚类结果解释

由于实际数据集中的离子种类不全，CMB模型不能对其进行解析，本节试图通过与同一时期的气象条件相结合，分析EPC算法的聚类结果。使用的气象数据来自兰州气象观测站。通过对比发现，在阈值为0.3时的所有15个簇中（表6-8中所示的EPC的最优结果），有6个簇与当时的气象条件明显相关。在这6个簇中，4个对应于沙尘天气，2个对应于雨天。

对于4个有关沙尘天气的簇，2个簇中的点对应于浮尘天气，另外2个簇对应于沙尘天气。实验结果还显示，对应于浮尘天气的2个簇的大小分别是114 和40；对应沙尘天气的2个簇的大小分别是20和13。

表 6-8　EPC算法与对比算法在实际数据集上产生的最优聚类结果比较及相应的输入参数

	EPC	k-Medoids	k-Means	LCA	DBSCAN	BIRCH	SOM
Para	$\zeta=0.3$	$k=5$	$k=5$	$k=4$	$\varepsilon=1.3$ $MinPts=1$	$k=4$ $B=6$ $T=0$	$LR_{\max}=0.1$, $LR_{\min}=0.01$ $R_{\max}=1.5$, $R_{\min}=0.4$ Map=4*4
CluN	15	5	5	4	38	4	15
OutN	316	0	0	0	263	10	2
Dunn	***0.1927***	0.0074	0.0090	0.0198	0.0217	0.0162	0.0141
Silh	***0.1934***	0.1129	0.0461	0.1663	0.1924	0.1859	0.0273

Para:parameter　ζ: Threshold value　k: Number of cluster　ε: Radius
$MinPts$: Density　B: Branching Factor　T:the Initial Threshold Distance
$LR_{\max}$: the Biggest Learning Rate　$LR_{\min}$: the Smallest Learning Rate
$R_{\max}$: the Biggest Neighborhood Radius　$R_{\min}$: the Smallest Neighborhood Radius
Map: Size of Map

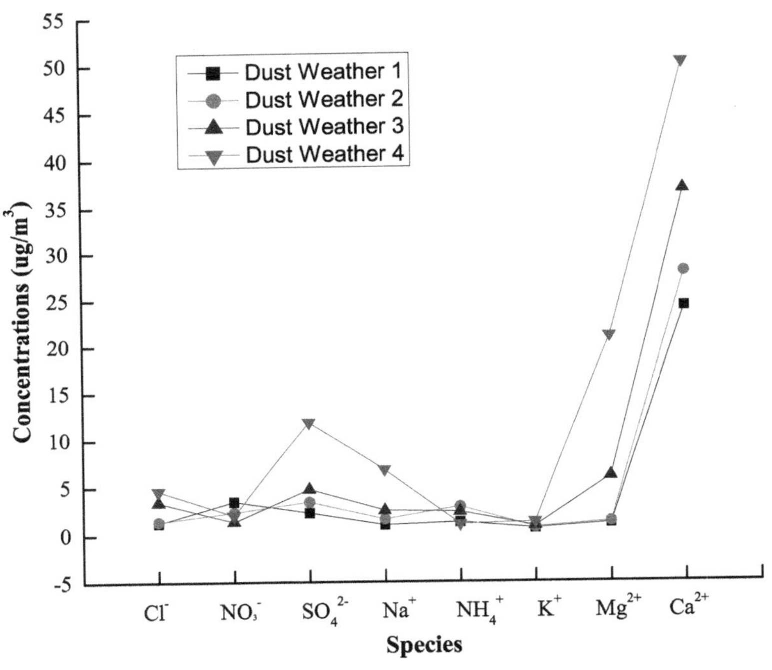

图 6-4　EPC在实际数据集上产生的4个有关沙尘天气的簇的中心点

图 6-4 显示了四个簇的中心点，从中可以看出，随着沙尘的强度增大，离子 Na^+、Ca^{2+}、Mg^{2+}、和SO_4^{2-}的浓度急剧升高，Cl^-离子的浓度轻微增大，NO_3^-离子的浓度下降，而沙尘对K^+离子、NH_4^+离子的影响很小。对于2个有关雨天的簇，一个簇中的数据点有关阵雨天气，簇的大小是45。在另一个簇所有的271个点中，有161个点与间歇性小雨天气有关。图6-5显示了与雨天相关的2个簇的中心点。

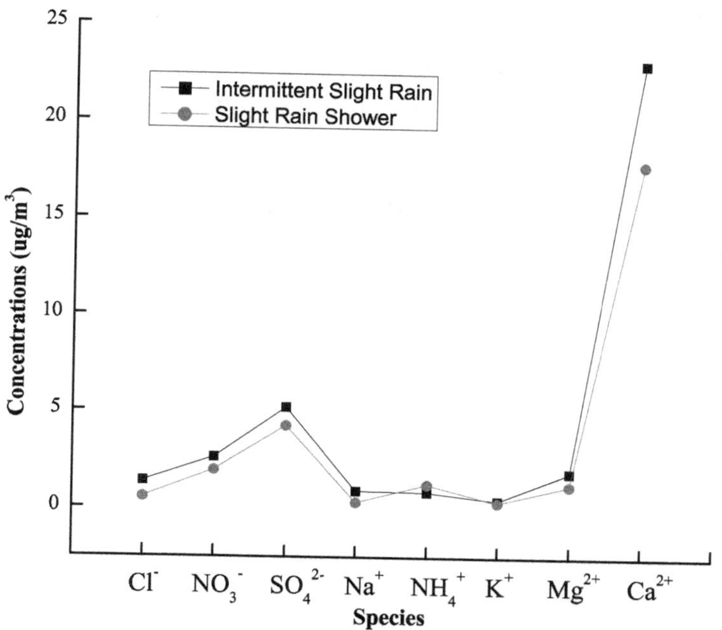

图6-5 EPC在实际数据集上产生的2个有关雨天的簇的中心点

由于人工数据集的维数是27，实际数据集的维数是8，因此，当数据集的维数增大时，EPC算法依旧能保持聚类的精确性。公式6.4中所表达的相似性函数的属性1也在此得到了验证。

基于EPC算法在人工和实际数据集上产生的聚类结果，可以断定，EPC算法可以根据环境污染特征聚类受体数据。使用EPC将受体数据进行聚类可以极大地提高污染源解析的精确性。而且，由于EPC算法只有一个具有明显实际含义的输入参数，相比较LCA算法、DBSCAN算法、BIRCH算法与SOM算法，在没有任何背景知识的条件下，它更易于使用。

6.6 小结

为了提高污染源分析的精度，为受体模型提供根据某种特征进行了分类的数据，就迫切需要将受体点数据根据污染特征进行聚类，并同时检测出异常点。基于本章提出的一个相似性函数和其相应的阈值，本章提出了一个易于使用的、聚类污染抽样数据的算法——EPC算法。EPC算法在不改变任何数据、不丢弃任意一维数据的情况下，不仅能根据污染源和污染物浓度等污染特征对污染抽样数据进行聚类，还能同时将数据集中的异常点检测出来。同一个簇内的污染特征尽可能相似，两个代表不同污染源和不同污染物浓度的点将会放置到两个不同的簇。为了评价EPC算法的性能，本章在人工数据集和实际数据集上分别对其效果进行了充分的验证。对于人工数据集，利用CMB模型对EPC算法产生的最优聚类结果进行了解析。在实际数据集上，利用同一时间的气象数据对EPC算法产生的聚类结果进行了解释。解析结果和解释结果都很理想。而且，通过在实际数据集和人工数据集上与6个经典聚类算法的详细比较，可以发现，相对于经典算法，EPC算法更适合对环境污染抽样数据进行聚类。

EPC算法对提高源解析模型的精确性起着关键作用。使用EPC算法的聚类结果，可以更好地理解和解释抽样数据。而且，由于适当地定义了一个与维数无关的相似性函数，当数据的维数增加时，EPC算法将依旧保持有效性。

7 结论与展望

7.1 结论

聚类技术是数据挖掘中的一项重要研究内容，人们可以利用聚类分析将看似无序的数据进行分组、归类，以便于更好地理解、研究并使用数据。在详细描述了聚类相关的一些理论基础上且基于几类经典聚类方法和其他一些方法，为了更有效地对环境污染抽样数据进行划分，本书首先介绍了一个聚类算法——根据由Protégé工具构建的大气污染领域本体模型，编写了大气污染物与大气污染源关系和大气污染物与气象因素关系的规则库，并完成了建模中最重要的推理工作，实现了从后往前推理出造成大气污染的主要污染离子。该建模可以有效地帮助人们分析造成大气污染的成因。进行大气污染预警，能够对改变工业地区生态环境、治理工业污染源、治理机动车尾气以及防止城市的扬尘污染等提供依据。其次，针对当下人们比较关心的空气悬浮颗粒污染物（PM），在特定数据集下，对兰州市的PM_{10}浓度等级进行预测。在国家规定的悬浮污染物浓度范围之内，根据实际情况，划分了相应的浓度等级，分析了气象条件数据和悬浮颗粒物浓度等级之间的关系，并根据分析结果，选择适当的观测数据，依据数学理论基础，建立基于连续观测的隐马尔可夫模型的提前24小时预测模型，完成预测工作。最后，EPC算法在不改变任何数据、不丢弃任意维数据的情况下，不仅能根据污染源和污染物浓度等污染特征，对污染抽样数据进行聚类，还能同时将其中的异常点检测出来。而且，其聚类结果不受数据维数的影响。EPC算法对提高源解析模型的精确性起到了关键作用，同时，使用EPC算法的聚类结果，能够更好地理解和解释抽样数据。本书宗旨在于，通过科学有效的手段，提前预知空气中悬浮颗粒物的浓度等级，使人们出行前先行获知空气质量，以达到减少其对人体健康危害的作用，利于人民、利于社会。

7.2 展望

在人工智能、机器学习和统计学习方法被广泛应用于各个领域的今天，众多的机器学习算法被应用在人们的生活中，如语音识别、手势识别、图像识别、搜索等等都是人们生活当中广泛接触到的技术。今后，将在本书研究的基础上，从以下几个方面进一步探索和研究：

（1）目前，输入参数的确定始终是聚类研究面临的一个重要问题。输入参数极大地影响着聚类结果，最优的输入参数很难确定，大多数算法都需要不断调整输入参数来获得最好的聚类结果。在后续的工作中，本书作者将利用数据的统计量，尝试进行无输入参数的聚类研究，提出高质量、高效且不需输入参数的聚类算法。鉴于本书提出的CLUB算法，在数值型的各种类型的数据集上展示了卓越的聚类性能，作者将会把在CLUB算法中使用的一些方法用于对图的顶点的聚类中，通过定义一个新的密度函数并利用数据密度的概念，获得每个簇的密度主干，进而将其余顶点分配给密度比它大的最近邻所在的簇，以形成最终的簇结构。

（2）可以看到虽然本书算法能准确预测绝大多天数的浓度等级，但还是有很少一部分点的预测是有误的，为了进一步提升模型预测的准确性，之后的工作笔者考虑阅读一些其他算法的相关资料，构思在运用本书算法的基础上，如何融合一些其他的算法，并通过实验检验是否能在原有基础上提高算法的准确率，比如尝试融合广义线性模型、神经网络模型等。其次，本书只是对兰州市空气中的悬浮颗粒物污染PM_{10}做出了预测，在今后的研究工作当中，在能获取真实气象数据和污染数据的前提下，对空气中的其他污染物也进行相应预测，比如NO_2、CO、SO_2等等。如果有条件的话下，也希望对如北京、沈阳等$PM_{2.5}$污染严重的城市做相应的预测工作。

参考文献

[1]韩家炜,坎伯,裴健.数据挖掘:概念与技术[M].北京:机械工业出版社,2012.

[2] MAQUEEN J. Some methods for classification and analysis of multivariate observations[J]. Proceedings of the fifth Berkeley symposium on mathematical statistics and probability, 1967, 1(14): 281–297.

[3] LLOYD S. Least squares quantization in PCM [J]. IEEE transactions on information theory, 1982, 28(2): 129–137.

[4] ARAI K, BARAKBAH A R. Hierarchical k– means: an algorithm for centroids initialization for k–means[J]. Reports of the Faculty of Science and Engineering, 2007, 36(1): 25–31.

[5]NAZEER K A A, SEBASTIAN M P. Improving the Accuracy and Efficiency of the k– means Clustering Algorithm [J]. Proceedings of the World Congress on Engineering, 2009, 1: 1–3.

[6] PELLEG D, MOORE A W. X– means: Extending k– means with Efficient Estimation of the Number of Clusters[J]. ICML, 2000, 1: 727–734.

[7] KAUFMAN L, ROUSSEEUW P J. Partitioning around medoids (program pam)[R]. Finding groups in data: an introduction to cluster analysis, 1990: 68–125.

[8] ROUSSEEUW P J, KAUFMAN L. Finding Groups in Data [M]. Wiley Online Library, 1990.

[9] NG R T, HAN J. CLARANS: A method for clustering objects for spatial data mining[J]. IEEE transactions on knowledge and data engineering, 2002, 14(5): 1003–1016.

[10]CHATURVEDI A, GREEN P E, CAROLL J D. k–modes clustering[J]. Journal of Classification, 2001, 18(1): 35–55.

[11] HUANG Z. Extensions to the k– means algorithm for clustering large data sets with categorical values[J]. Data mining and knowledge discovery, 1998, 2(3): 283–304.

[12] BEZDEK J C, EHRLICH R, FULL W. FCM: The fuzzy k– means clustering algorithm[J]. Computers & Geosciences, 1984, 10(2/3): 191–203.

[13] ESTER M, KRIEGEL H P, SANDER J, et al. A density-based algorithm for discovering clusters in large spatial databases with noise[J]. Kdd, 1996, 96(34): 226-231.

[14] SANDER J, ESTER M, KRIEGEL H P, et al. Density-based clustering in spatial databases: The algorithm gdbscan and its applications [J]. Data mining and knowledge discovery, 1998, 2(2): 169-194.

[15] CAMPELLO R J G B, MOULAVI D, SANDER J. Density-based clustering based on hierarchical density estimates [C] // Pacific-Asia Conference on Knowledge Discovery and Data Mining. Springer, Berlin, Heidelberg, 2013: 160-172.

[16] NANDA S J, PANDA G. Design of computationally efficient density-based clustering algorithms[J]. Data & Knowledge Engineering, 2015, 95: 23-38.

[17] ANKERST M, BREUNIG M M, KRIEGEL H P, et al. OPTICS: ordering points to identify the clustering structure[J]. ACM Sigmod Record, 1999, 28(2): 49-60.

[18] FU J S, LIU Y, CHAO H C. ICA: An incremental clustering algorithm based on OPTICS[J]. Wireless Personal Communications, 2015, 84(3): 2151-2170.

[19] HINNEBURG A, KEIM D A. An efficient approach to clustering in large multimedia databases with noise[J]. KDD, 1998, 98: 58-65.

[20] KAILING K, KRIEGEL H P, KRÖGER P. Density-connected subspace clustering for high-dimensional data [C] // Proceedings of the 2004 SIAM International Conference on Data Mining. Society for Industrial and Applied Mathematics, 2004: 246-256.

[21] ASSENT I, KRIEGER R, MÜLLER E, et al. DUSC: Dimensionality unbiased subspace clustering [C] // Data Mining, 2007. ICDM 2007. Seventh IEEE International Conference on. IEEE, 2007: 409-414.

[22] ACHTERT E, BOHM C, KRIEGEL H P, et al. On exploring complex relationships of correlation clusters [C] // Scientific and Statistical Database Management, 2007. SSBDM'07. 19th International Conference on. IEEE, 2007: 7-7.

[23] BÖHM C, KAILING K, KRÖGER P, et al. Computing clusters of correlation connected objects [C] // Proceedings of the 2004 ACM SIGMOD international conference on Management of data. ACM, 2004: 455-466.

[24] BERKHIN P. A survey of clustering data mining techniques [C] // Grouping multidimensional data, Springer, 2006: 25-71.

[25] ZHANG T, RAMAKRISHNAN R, LIVNY M. BIRCH: an efficient data clustering method for very large databases [J]. ACM Sigmod Record, 1996, 25(2): 103-114.

[26] KARYPIS G, HAN E H, KUMAR V. Chameleon: Hierarchical clustering using dynamic modeling [J]. Computer, 1999, 32(8): 68–75.

[27] ALTMAN N S. An introduction to kernel and nearest-neighbor nonparametric regression[J]. The American Statistician, 1992, 46(3): 175–185.

[28] GUHA S, RASTOGI R, SHIM K. CURE: an efficient clustering algorithm for large databases[J] ACM Sigmod Record, 1998, 27(2): 73–84.

[29] GUHA S, RASTOGI R, SHIM K. ROCK: A robust clustering algorithm for categorical attributes[J]. Information Systems, 2000, 25(5): 345–366.

[30] ERTÖZ L, STEINBACH M, KUMAR V. Finding clusters of different sizes, shapes, and densities in noisy, high dimensional data[C] // Proceedings of the 2003 SIAM International Conference on Data Mining. Society for Industrial and Applied Mathematics, 2003: 47–58.

[31] KRASKOV A, STÖGBAUER H, ANDRZEJAK R G, et al. Hierarchical clustering using mutual information[J]. EPL (Europhysics Letters), 2005, 70(2): 278.

[32] VIKJORD V V, JENSSEN R. Information theoretic clustering using a k-nearest neighbors approach[J]. Pattern Recognition, 2014, 47(9): 3070–3081.

[33] HELLER K A, GHAHRAMANI Z. Bayesian hierarchical clustering [C] // Proceedings of the 22nd international conference on Machine learning. ACM, 2005: 297–304.

[34] BOUGUETTAYA A, YU Q, LIU X, et al. Efficient agglomerative hierarchical clustering[J]. Expert Systems with Applications, 2015, 42(5): 2785–2797.

[35] WANG W, YANG J, MUNTZ R. STING: A statistical information grid approach to spatial data mining[J]. VLDB, 1997, 97: 186–195.

[36] HINNEBURG A, KEIM D A. Optimal grid-clustering: Towards breaking the curse of dimensionality in high-dimensional clustering [C] // Very Large Data Bases, volume 25, 1999: 506–517.

[37] AGRAWAL R, GEHRKE J, GUNOPULOS D, et al. Automatic subspace clustering of high dimensional data for data mining applications [C] // Proceedings of the ACM SIGMOD Conference on Management of Dala 1998: 94–105.

[38] SHEIKHOLESLAMI G, CHATTERJEE S, ZHANG A. Wavecluster: A multiresolution clustering approach for very large spatial databases [C] // VLDB, volume 98, 1998: 428–439.

[39] SHEIKHOLESLAMI G, CHATTERJEE S, ZHANG A. Wavecluster: a waveletbased clustering approach for spatial data in very large databases [J]. The VLDB

Journal, 289–304, 8(3/4): 2000.

[40]WANG W, YANG J, MUNTZ R. Sting+: An approach to active spatial data mining[C]// Data Engineering, 1999. Proceedings., 15th International Conference on, IEEE, 1999: 116–125.

[41] MELNYKOV V. Challenges in model- based clustering [J]. Wiley Interdisciplinary Reviews: Computational Statistics, 2013, 5(2): 135–148.

[42]MCLACHLAN G J, BASFORD K E. Mixture models. Inference and applications to clustering[M]. New York: Textbooks and Monographs, 1988.

[43]BEN-HUR A, HORN D, SIEGELMANN H T, et al. Support vector clustering [J]. Journal of machine learning research, 2001, 2(12): 125–137.

[44] KIM H C, LEE J. Clustering based on gaussian processes [J]. Neural Computation, 2007, 19(11): 3088–3107.

[45] DEMPSTER A P, LAIRD N M, RUBIN D B. Maximum likelihood from incomplete data via theem algorithm [J]. Journal of the Royal Statistical Society, 1977, 39 (1): 1–38.

[46]LAZARSFELD P F, HENRY N W. Latent structure analysis [M]. Houghton: Mifflin, 1968.

[47]VERMUNT J K, MAGIDSON J. Latent class cluster analysis [J]. Applied Latent Class Analysis, 2002(1): 89–106.

[48]KOHONEN T. The self-organizing map [J]. Proceedings of the IEEE, 1990, 78 (9): 1464–1480.

[49]VESANTO J, ALHONIEMI E. Clustering of the self-organizing map [J]. Neural Networks, IEEE Transactions, 2000, 11(3): 586–600.

[50]BASU S, DAVIDSON I, WAGSTAFF K. Constrained clustering: Advances in Algorithms, Theory, and Applications [M]. CRC Press, 2008.

[51]DEMIRIZ A, BENNETT K P, EMBRECHTS M J. Semi-supervised clustering using genetic algorithms [J]. Artificial Neural Networks in Engineering, 1999(99): 809–814.

[52]YAN Y, CHEN L H, TJHI W C. Fuzzy semi-supervised co-clustering for text documents [J]. Fuzzy Sets and Systems, 2013, 215: 74–89.

[53]MICHEL V, GRAMFORT A, VAROQUAUX G, et al. A supervised clustering approach for fmri-based inference of brain states[J]. Pattern Recognition, 2012, 45(6): 2041–2049.

[54]ZhANG W, TANG X J, YOSHIDA T. Tesc: An approach to text classification

using semi-supervised clustering [J]. Knowledge-Based Systems, 2015, 75: 152-160.

[55] CHOO J, LEE C, REDDY C K, et al. Weakly supervised nonnegative matrix factorization for user-driven clustering [J]. Data Mining and Knowledge Discovery, 2015, 29(6): 1598-1621.

[56] BASU S, BANERJEE A, MOONEY R. Semi-supervised clustering by seeding [C] // Proceedings of 19th International Conference on Machine Learning (ICML-2002), Citeseer, 2002.

[57] BASU S, BILENKO M, MOONEY R J. A probabilistic framework for semisupervised clustering [C] // Proceedings of the tenth ACM SIGKDD international conference on knowledge discovery and data mining, 2004: 59-68.

[58] BANDYOPADHYAY S, MAULIK U. Genetic clustering for automatic evolution of clusters and application to image classification [J]. Pattern Recognition, 2002, 35(6): 1197-1208.

[59] AGUSTI L E, SALCEDO-SANZ S, JIMÉNEZ-FERNÁNDEZ S, et al. A new grouping genetic algorithm for clustering problems [J]. Expert Systems with Applications, 2012, 39(10): 9695-9703.

[60] JI J, SONG X, LIU C, et al. Ant colony clustering with fitness perception and pheromone diffusion for community detection in complex networks [J]. Physica A: Statistical Mechanics and its Applications, 2013, 392(15): 3260-3272.

[61] GAO W. Improved ant colony clustering algorithm and its performance study [J]. Computational Intelligence and Neuroscience, 2015(1): 1-14.

[62] ESMIN A A A, COELHO R A, MATWIN S. A review on particle swarm optimization algorithm and its variants to clustering high-dimensional data [J]. Artificial Intelligence Review, 2015, 44(1): 23-45.

[63] GONG M, CAI Q, CHEN X W, et al. Complex network clustering by multiobjective discrete particle swarm optimization based on decomposition [J]. Evolutionary Computation, IEEE Transactions, 2014, 18(1): 82-97.

[64] CHE Z H. Clustering and selecting suppliers based on simulated annealing algorithms [J]. Computers & Mathematics with Applications, 2012, 63(1): 228-238.

[65] RAI P, SINGH S. A survey of clustering techniques [J]. International Journal of Computer Applications, 2010, 7(12): 1-5.

[66] RISSANEN J. Stochastic complexity in statistical inquiry [J]. World scientific, 1998, 15(1): 1-9.

[67] WALLACE C S, DOWE D L. Intrinsic classification by mml-the snob program

[C] // Proceedings of the 7th Australian Joint Conference on Artificial Intelligence, volume 37, Citeseer, 1994: 44.

[68] FRALEY C, RAFTERY A E. How many clusters? Which clustering method? Answers via model-based cluster analysis [J]. The computer journal, 1998, 41(8): 578-588.

[69] BOZDOGAN H. Determining the number of component clusters in the standard multivariate normal mixture model using model-selection criteria. [R]. Technical report, DTIC Document, 1983.

[70] BOZDOGAN H. Mixture-model cluster analysis using model selection criteria and a new informational measure of complexity [C] // Proceedings of the first US/Japan conference on the frontiers of statistical modeling: An informational approach, Springer, 1994: 69-113.

[71] BANFIELD J D, RAFTERY A E. Model-based gaussian and non-gaussian clustering[J]. Biometrics, 1993(1): 803-821.

[72] CHEN M, WANG P F, CHEN Q, et al. A clustering algorithm for sample data based on environmental pollution characteristics [J]. Atmospheric Environment, 2015, 107: 194-203.

[73] BEYER K, GOLDSTEIN J, RAMAKRISHNAN R, et al. When is "nearest neighbor" meaningful? [C] // Database Theory-ICDT'99 Springer, 1999: 217-235.

[74] AGGARWAL C C, HINNEBURG A, KEIM D A. On the surprising behavior of distance metrics in high dimensional space [M]. Springer, 2001.

[75] AGGARWAL C C. Outlier analysis [J]. Data Mining, 2015: 237-263.

[76] TRAN T N, DRAB K, DASZYKOWSKI M. Revised dbscan algorithm to cluster data with dense adjacent clusters [J]. Chemometrics and Intelligent Laboratory Systems, 2013, 120: 92-96.

[77] KREIBIG U, VOLLMER M. Optical properties of metal clusters [M]. Springer Science & Business Media, 2013.

[78] AMINI A, WAH T Y, SABOOHI H. On density-based data streams clustering algorithms: A survey [J]. Journal of Computer Science and Technology, 2014, 29(1): 116-141.

[79] JIAMTHAPTHAKSIN R, EICK C F, LEE S. Gac-geo: a generic agglomerative clustering framework for geo-referenced datasets [J]. Knowledge and Information Systems, 2011, 29(3): 597-628.

[80] CRESSIE N. Statistics for spatial data [M]. John Wiley & Sons, 2015.

[81] MENZE B H, JAKAB A, BAUER S, et al. The multimodal brain tumor image segmentation benchmark (brats) [J]. Medical Imaging, IEEE Transactions, 2015, 34(10): 1993–2024.

[82] XU R, WUNSCH D C, et al. Clustering algorithms in biomedical research: a review [J]. Biomedical Engineering, IEEE Reviews, 2010, 3: 120–154.

[83] YANG C, LI C, WANG Q, et al. Implications of pleiotropy: challenges and opportunities for mining big data in biomedicine [J]. Frontiers in genetics, 2015, 6: 1–6.

[84] RODRIGUEZ A, LAIO A. Clustering by fast search and find of density peaks [J]. Science, 2014, 344(6191): 1492–1496.

[85] SUGIYAMA M, YAMAMOTO A. A fast and flexible clustering algorithm using binary discretization [C] // Data Mining (ICDM), 2011 IEEE 11th International Conference on, IEEE, 2011: 1212–1217.

[86] CHAOJI V, LI G, YILDIRIM H, et al. Abacus: Mining arbitrary shaped clusters from large datasets based on backbone identification [C] // SDM, SIAM, 2011: 295–306.

[87] CHAOJI V, HASAN M A, SALEM S, et al. Sparcl: an effective and efficient algorithm for mining arbitrary shape- based clusters [J]. Knowledge and Information Systems,2009, 21(2): 201–229.

[88] HUANG H, GAO Y J, CHIEW K, et al. Towards effective and efficient mining of arbitrary shaped clusters [C] // Data Engineering (ICDE), 2014 IEEE 30th International Conference on, IEEE, 2014: 28–39.

[89] CHEN M, LI L J, WANG B, et al. Effectively clustering by finding density backbone based-on knn [J]. Pattern Recognition, 2016, 60: 486–498.

[90] ZHU Y, TING K M, CARMAN M J. Density- ratio based clustering for discovering clusters with varying densities [J]. Pattern Recognition, 2016, 60: 983–997.

[91] ANTONY N, DESHPANDE A. Domain- driven density based clustering algorithm [C] // Proceedings of International Conference on ICT for Sustainable Development, Springer, 2016: 705–714.

[92] AMINI A, SABOOHI H, HERAWAN T, et al. Mudi-stream: A multi density clustering algorithm for evolving data stream [J]. Journal of Network and Computer Applications, 2016, 59: 370–385.

[93] DING R, WANG Q, DANG Y N, et al. Yading: fast clustering of large-scale time series data [J]. Proceedings of the VLDB Endowment, 2015, 8(5): 473–484.

[94] ZHAO Q P, SHI Y, LIU Q, et al. A grid- growing clustering algorithm for geospatial data [J]. Pattern Recognition Letters, 2015, 53: 77–84.

[95]LUGHOFER E, SAYED-MOUCHAWEH M. Autonomous data stream clustering implementing split- and- merge concepts- towards a plug- and- play approach [J]. Information Sciences, 2015, 304: 54-79.

[96] LIU H, BAN X J. Clustering by growing incremental self- organizing neural network[J]. Expert Systems with Applications, 2015, 42(11): 4965-4981.

[97]CHEN X Q. A new clustering algorithm based on near neighbor influence [J]. Expert Systems with Applications, 2015, 42(21): 7746-7758.

[98] SAKI F, KEHTARNAVAZ N. Online frame- based clustering with unknown number of clusters [J]. Pattern Recognition, 2016, 57: 70-83.

[99] GAN G J, ZHANG Y P, DEY D K. Clustering by propagating probabilities between data points [J]. Applied Soft Computing, 2016, 41: 390-399.

[100] GIRVAN M, NEWMAN M E J. Community structure in social and biological networks[J]. Proceedings of the National Academy of Sciences, 2002, 99(12): 7821-7826.

[101] KERNIGHAN B W, LIN S. An efficient heuristic procedure for partitioning graphs [J]. Bell System Technical Journal, 1970, 49(2): 291-307.

[102]NEWMAN M E J, GIRVAN M. Finding and evaluating community structure in networks[J]. Physical Review E, 2004, 69(2): 26113.

[103]RADICCHI F, CASTELLANO C, CECCONI F, et al. Defining and identifying communities in networks [J]. Proceedings of the National Academy of Sciences of the United States of America, 2004, 101(9): 2658-2663.

[104] GREGORY S. An algorithm to find overlapping community structure in networks [C] // European Conference on Principles of Data Mining and Knowledge Discovery, Springer, 2007: 91-102.

[105] RAGHAVAN U N, ALBERT R, KUMARA S. Near linear time algorithm to detect community structures in large-scale networks [J]. Physical Review E, 2007, 76(3): 36106.

[106] BARBER M J, CLARK J W. Detecting network communities by propagating labels under constraints [J]. Physical Review E, 2009, 80(2): 26129.

[107] LIU X, MURATA T. Advanced modularity- specialized label propagation algorithm for detecting communities in networks [J]. Physica A: Statistical Mechanics and its Applications, 2010, 389(7): 1493-1500.

[108] DONATH W E, HOFFMAN A J. Lower bounds for the partitioning of graphs [J]. IBM Journal of Research Development, 1973, 17(5): 420-425.

[109]MAVROEIDIS D. Accelerating spectral clustering with partial supervision [J].

Data Mining and Knowledge Discovery, 2010, 21(2): 241–258.

[110] VAN DONGEN S M. Graph clustering by flow simulation [D]. Utrecht: University of Utrecht, 2015.

[111]PONS P, LATAPY M. Computing communities in large networks using random walks [C] // International Symposium on Computer and Information Sciences, Springer, 2005: 284–293.

[112] TABRIZI S A, SHAKERY A, ASADPOUR M, et al. Personalized pagerank clustering: A graph clustering algorithm based on random walks [J]. Physica A: Statistical Mechanics and its Applications, 2013, 392(22): 5772–5785.

[113]NEWMAN M E J. Fast algorithm for detecting community structure in networks [J]. Physical Review E, 2004, 69(6): 66133.

[114]GUIMERA R, AMARAL L A N. Functional cartography of complex metabolic networks[J]. Nature, 2005, 433(7028): 895–900.

[115] PIZZUTI C. Ga– net: A genetic algorithm for community detection in social networks [C] // International Conference on Parallel Problem Solving from Nature, Springer, 2008: 1081–1090.

[116]PIZZUTI C. A multiobjective genetic algorithm to find communities in complex networks[J]. IEEE Transactions on Evolutionary Computation, 2012, 16(3): 418–430.

[117] SHAO J M, HAN Z C, YANG Q L, et al. Community detection based on distance dynamics [C] // Proceedings of the 21th ACM SIGKDD International Conference on Knowledge Discovery and Data Mining, ACM, 2015: 1075–1084.

[118] VRBIK I, STEPHENS D A, ROGER M, et al. The gap procedure: for the identification of phylogenetic clusters in hiv–1 sequence data [J]. Bioinformatics, 2015, 16 (1): 355.

[119]LI W Z, GODZIK A. Cd–hit: a fast program for clustering and comparing large sets of protein or nucleotide sequences [J]. Bioinformatics, 2006, 22(13): 1658–1659.

[120]FU L M, NIU B F, ZHU Z W, et al. Cd–hit: accelerated for clustering the next–generation sequencing data [J]. Bioinformatics, 2012, 28(23): 3150–3152.

[121]BAI L, LIANG J Y, DANG C Y, et al. A novel fuzzy clustering algorithm with between–cluster information for categorical data [J]. Fuzzy Sets and Systems, 2013, 215: 55–73, 2013.

[122] CHANDOLA V, SUKUMAR S R, Schryver J C. Knowledge discovery from massive healthcare claims data [C] // Proceedings of the 19th ACM SIGKDD international conference on Knowledge discovery and data mining. ACM, 2013: 1312–1320.

[123] SIM K, GOPALKRISHNAN V, ZIMEK A, et al. A survey on enhanced subspace clustering [J]. Data Mining and Knowledge Discovery, 2013, 26(2): 332-397.

[124] RAEDER T, PERLICH C, DALESSANDRO B, et al. Scalable supervised dimensionality reduction using clustering [C] // Proceedings of the 19th ACM SIGKDD international conference on Knowledge discovery and data mining, ACM, 2013: 1213-1221.

[125]BOUGUILA N, ALMAKADMEH K, BOUTEMEDJET S. A finite mixture model for simultaneous high- dimensional clustering, localized feature selection and outlier rejection [J]. Expert Systems with Applications, 2012, 39(7): 6641-6656.

[126]ELHAMIFAR E, VIDAL R. Sparse subspace clustering: Algorithm, theory, and applications[J]. IEEE Transactions on Pattern Analysis and Machine Intelligence, 2013, 35(11): 2765-2781.

[127] TERADA Y. Clustering for high- dimension, low- sample size data using distance vectors[J]. arXiv preprint arXiv: 2013, 13(12):3386.

[128]AHN J, LEE M H, YOON Y J. Clustering high dimension, low sample size data using the maximal data piling distance [J]. Statistica Sinica, 2012: 443-464.

[129]WOO K G, LEE J H, KIM M H, et al. Findit: a fast and intelligent subspace clustering algorithm using dimension voting [J]. Information and Software Technology, 2004, 46(4): 255-271.

[130]LIU Y F, HAYES D N, NOBEL A, et al. Statistical significance of clustering for high-dimension, low-sample size data [J]. Journal of the American Statistical Association, 2012, 103: 1281-1293.

[131] YATA K, AOSHIMA M. Principal component analysis based clustering for highdimension, low-sample-size data [J]. arXiv preprint arXiv: 2015: 1503.04525.

[132] WAN X Y. The research of fast clustering algorithm of high dimension data mining [J]. International Journal of Digital Content Technology and its Applications, 2013, 7(2): 604.

[133] AGGARWAL C C, WOLF J L, YU P S, et al. Fast algorithms for projected clustering [C] // ACM SIGMOD Record, volume 28. ACM, 1999: 61-72.

[134]FOSS A, WANG W N, ZAÏANE O R. A non-parametric approach to web log analysis[C] // Proc. of Workshop on Web Mining in First International SIAM Conference on Data Mining, Citeseer, 2001: 41-50.

[135] FOSS A, ZAÏANE O R. A parameterless method for efficiently discovering clusters of arbitrary shape in large datasets [C] // Data Mining, 2002. ICDM 2003.

Proceedings. 2002 IEEE International Conference on, IEEE, 2002: 179–186.

[136] FAIVISHEVSKY L, GOLDBERGER J. Nonparametric information theoretic clustering algorithm [C] // Proceedings of the 27th International Conference on Machine Learning(ICML-10), 2010: 351–358.

[137] MAVRIDIS L, NATH N, MITCHELL J B. Pfclust: a novel parameter free clustering algorithm [J]. Bioinformatics, 2013, 14(1): 1.

[138] NKAYA T. A parameter-free similarity graph for spectral clustering [J]. Expert Systems with Applications, 2015, 42(24): 9489–9498.

[139] RAMASWAMY S, RASTOGI R, SHIM K. Efficient algorithms for mining outliers from large data sets [C] // ACM SIGMOD Record, volume 29, ACM, 2000: 427–438.

[140] BREUNIG M M, KRIEGEL H P, NG R T, et al. Lof: identifying density-based local outliers [C] // ACM SIGMOD Record, volume 29, ACM, 2000: 93–104.

[141] BREUNIG M M, KRIEGEL H P, NG R T, et al. Optics-of: Identifying local outliers [C] // Principles of data mining and knowledge discovery, Springer, 1999: 262–270.

[142] HALKIDI M, BATISTAKIS Y, VAZIRGIANNIS M. Cluster validity methods: part i [J]. ACM Sigmod Record, 2002, 31(2): 40–45.

[143] KOVÁCS F, LEGÁNY C, BABOS A. Cluster validity measurement techniques [C] // 6th International Symposium of Hungarian Researchers on Computational Intelligence. Citeseer, 2005.

[144] RAND W M. Objective criteria for the evaluation of clustering methods [J]. Journal of the American Statistical Association, 1971, 66(336): 846–850.

[145] HUBERT L, ARABIE P. Comparing partitions [J]. Journal of classification, 1985, 2(1): 193–218.

[146] ANA L N F, JAIN A K. Robust data clustering [C] // Computer Vision and Pattern Recognition,2003. Proceedings. 2003 IEEE Computer Society Conference on, volume 2, IEEE, 2003: 121–128.

[147] RIJSBERGEN C J V. Information retrieval. dept. of computer science, university of glasgow [J/OL]. URL: citeseer. ist. psu. edu/vanrijsbergen79information. html, 1979.

[148] DUNN J C. A fuzzy relative of the isodata process and its use in detecting compact well-separated clusters [J]. Journal of Cybernetics, 1973, 3(3): 32–57.

[149] ROUSSEEUW P J. Silhouettes: a graphical aid to the interpretation and

validation of cluster analysis [J]. Journal of Computational and Applied Mathematics, 1987, 20: 53–65.

[150] BENTLEY J L. Multidimensional binary search trees used for associative searching [J]. Communications of the ACM, 1975, 18(9): 509–517.

[151] BEIS J S, LOWE D G. Shape indexing using approximate nearest-neighbour search in high-dimensional spaces [C] // Computer Vision and Pattern Recognition, 1997. Proceedings.,1997 IEEE Computer Society Conference on, IEEE, 1997: 1000–1006.

[152] SAMARIA F S, HARTER A C. Parameterisation of a stochastic model for human face identification [C] // Applications of Computer Vision, 1994., Proceedings of the Second IEEE Workshop on, IEEE, 1994: 138–142.

[153] SAMPAT M P, WANG Z, GUPTA S, et al. Complex wavelet structural similarity: A new image similarity index [J]. Image Processing, IEEE Transactions, 2009, 18(11): 2385–2401.

[154] PREUVENEERS D, VAN DEN BERGH J, WAGELAAR D, et al. Towards an extensible context ontology for ambient intelligence [M]. Heidelberg: Springer Berlin Heidelberg, 2004: 148–159.

[155] SHAH T, RABHI F, RAY P. Investigating an ontology-based approach for Big Data analysis of inter- dependent medical and oral health conditions [J]. Cluster Computing, 2014: 1–17.

[156] SOKOLOVA M V, FERNÁNDEZ- CABALLERO A. Modeling and implementing an agent-based environmental health impact decision support system [J]. Expert Systems with Applications, 2009, 36(2): 2603–2614.

[157] STOCKER M, BARANIZADEH E, PORTIN H, et al. Representing situational knowledge acquired from sensor data for atmospheric phenomena [J]. Environmental Modelling & Software, 2014, 58: 27–47.

[158] MUÑOZ E, CAPÓN- GARCÍA E, LAÍNEZ J M, et al. Considering environmental assessment in an ontological framework for enterprise sustainability [J]. Journal of Cleaner Production, 2013, 47: 149–164.

[159] OPREA M. Mapping ontologies in an air pollution monitoring and control agent-based system [C] // International Conference on Discovery Science. Springer, Berlin, Heidelberg, 2006: 342–346.

[160] GRUBER T R. A translation approach to portable ontology specifications [J]. Knowledge Acquisition, 1993, 5(2): 199–220.

[161] NOY N F, CRUBÉZY M, FERGERSON R W, et al. Protege-2000: an open-

source ontology- development and knowledge- acquisition environment [J]. Annu Symposium Proceedings, 2003: 953-953.

[162] YAO T T, HUANG X F, HE L Y, et al. High time resolution observation and statistical analysis of atmospheric light extinction properties and the chemical speciation of fine particulates[J]. Science China Chemistry, 2010, 53(8): 1801-1808.

[163] ANDRADE F, ORSINI C, MAENHAUT W. Receptor modeling for inhalable atmospheric particles in São Paulo, Brazil[J]. Nuclear Instruments and Methods in Physics Research Section B: Beam Interactions with Materials and Atoms, 1993, 75(1-4): 308-311.

[164] HOPKE P K. Receptor modeling in environmental chemistry [M]. John Wiley & Sons, 1985.

[165]邓新民,李祚泳.投影寻踪回归技术在环境污染预测中的应用[J].中国环境科学, 1997(4): 353-356.

[166]李先国,范莹,冯丽娟.化学质量平衡受体模型及其在大气颗粒物源解析中的应用[J].中国海洋大学学报(自然科学版),2006, 36(2): 225-228.

[167] CHAN Y C, SIMPSON R W, MCTAINSH G H, et al. Source apportionment of visibility degradation problems in Brisbane (Australia) using the multiple linear regression techniques[J]. Atmospheric Environment, 1999, 33(19): 3237-3250.

[168] COBOURN W G. An enhanced PM 2.5 air quality forecast model based on nonlinear regression and back- trajectory concentrations [J]. Atmospheric Environment, 2010, 44(25): 3015-3023.

[169] CHALOULAKOU A, GRIVAS G, SPYRELLIS N. Neural network and multiple regression models for PM_{10} prediction in Athens: a comparative assessment[J]. Journal of the Air & Waste Management Association, 2003, 53(10): 1183-1190.

[170] PÉREZ P, TRIER A, REYES J. Prediction of $PM_{2.5}$ concentrations several hours in advance using neural networks in Santiago, Chile[J]. Atmospheric Environment, 2000, 34(8): 1189-1196.

[171] MCKENDRY I G. Evaluation of artificial neural networks for fine particulate pollution (PM10 and PM2. 5) forecasting[J]. Journal of the Air & Waste Management Association, 2002, 52(9): 1096-1101.

[172] RABINER L R. A tutorial on hidden Markov models and selected applications in speech recognition[J]. Proceedings of the IEEE, 1989, 77(2): 257-286.

[173] SUN W, ZHANG H, PALAZOGLU A. Prediction of 8 h- average ozone concentration using a supervised hidden Markov model combined with generalized linear

models[J]. Atmospheric Environment, 2013, 81: 199-208.

[174]SUN W, ZHANG H, PALAZOGLU A, et al. Prediction of 24-hour-average $PM_{2.5}$ concentrations using a hidden Markov model with different emission distributions in Northern California[J]. Science of the Total Environment, 2013, 443: 93-103.

[175] HATZIPANTELIS E, MURRAY A, PENMAN J. Comparing hidden Markov models with artificial neural network architectures for condition monitoring applications [C] // Artificial Neural Networks, 1995, Fourth International Conference on. IET, 1995: 369-374.

[176]DENBY B, SCHAAP M, SEGERS A, et al. Comparison of two data assimilation methods for assessing PM 10 exceedances on the European scale [J]. Atmospheric Environment, 2008, 42(30): 7122-7134.

[177]赵敬国,王式功,王嘉媛,等.兰州市空气污染与气象条件关系分析[J].兰州大学学报(自然科学版), 2013, 49(4): 491r503.

[178]WATSON J G, CHOW J C, FUJITA E M. Review of volatile organic compound source apportionment by chemical mass balance [J]. Atmospheric Environment, 2001, 35 (9): 1567-1584.

[179] THURSTON G D, SPENGLER J D. A quantitative assessment of source contributions to inhalable particulate matter pollution in metropolitan Boston [J]. Atmospheric Environment, 1985, 19(1): 9-25.

[180]PAATERO P, TAPPER U. Positive matrix factorization: A non-negative factor model with optimal utilization of error estimates of data values [J]. Environmetrics, 1994, 5 (2): 111-126.

[181] HENRY R C. UNMIX version 2 manual [M]. Prepared for the US Environmental Protection Agency, 2000.

[182] FRIEDLANDER S K. Chemical element balances and identification of air pollution sources[J]. Environmental Science & Technology, 1973, 7(3): 235-240.

[183]ZHENG Y, LIU F R, HSIEH H P. U-air: When urban air quality inference meets big data [C] // Proceedings of the 19th ACM SIGKDD international conference on Knowledge discovery and data mining, ACM, 2013: 1436-1444.

[184]SHANG J B, ZHENG Y, TONG W Z, et al. Inferring gas consumption and pollution emission of vehicles throughout a city [C] // Proceedings of the 20th ACM SIGKDD international conference on Knowledge discovery and data mining, ACM, 2014: 1027-1036.

[185]D'URSO P, LALLO D D, MAHARAJ E A. Autoregressive model-based fuzzy

clustering and its application for detecting information redundancy in air pollution monitoring networks [J]. Soft Computing, 2013, 17(1): 83–131.

[186]AUSTIN E, COULL B A, ZANOBETTI A, et al. A framework to spatially cluster air pollution monitoring sites in us based on the PM2: 5 composition [J]. Environment international, 2013, 59: 244–254.

[187] LI S T, SHUE L Y. Data mining to aid policy making in air pollution management[J]. Expert Systems with Applications, 2004, 27(3): 331–340.

[188]BARRÓN–ADAME J M, CORTINA–JANUCHS M G, VEGA–CORONA A, et al. Unsupervised system to classify SO_2 pollutant concentrations in Salamanca, Mexico [J]. Expert Systems with Applications, 2012, 39(1): 107–116.

[189]PIRES J C M, SOUSA S I V, PEREIRA M C, et al. Management of air quality monitoring using principal component and cluster analysis åPart II: CO, NO_2 and O_3[J]. Atmospheric Environment, 2008, 42(6): 1261–1274.

[190] LU H C, CHANG C L, HSIEH J C. Classification of PM10 distributions in Taiwan [J]. Atmospheric Environment, 2006, 40(8): 1452–1463.

[191] LI Y, HUNG E, CHUNG K. A subspace decision cluster classifier for text classification[J]. Expert Systems with Applications, 2011, 38(10): 12475–12482.

[192] PARSONS L, HAQUE E, LIU H. Subspace clustering for high dimensional data: a review [J]. ACM SIGKDD Explorations Newsletter, 2004, 6(1): 90–105.

[193] GUHA S, RASTOGI R, SHIM K. Rock: A robust clustering algorithm for categorical attributes [J]. Information Systems, 2000, 25(5): 345–366.

[194] SELIM S Z, ISMAIL M A. K– means– type algorithms: a generalized convergence theorem and characterization of local optimality [J]. Pattern Analysis and Machine Intelligence, IEEE Transactions, 1984, (1): 81–87.

[195] ZHEN B A O, YINCHANG F, LI J, et al. Characterization and Source Apportionment of PM2.5and PM10 in Hangzhou [J]. Environmental Monitoring in China, 2010, 26(2): 44–48.

[196]WATSON J G, CHEN L W A, CHOW J C, et al. Source apportionment: findings from the US supersites program [J]. Journal of the Air & Waste Management Association, 2008, 58(2): 265–288.

[197] THURSTON G D, LIOY P J. Receptor modeling and aerosol transport [J]. Atmospheric Environment (1967), 1987, 21(3): 687–698.

[198]BRINKMAN G, VANCE G, HANNIGAN M P, et al. Use of synthetic data to evaluate positive matrix factorization as a source apportionment tool for pm2.5 exposure

data [J]. Environmental science & technology, 2006, 40(6): 1892-1901.

[199] KASKI S, LAGUS K. Comparing self-organizing maps [C] // Artificial Neural Networks? ICANN 96, Springer, 1996: 809-814.